装配式建筑施工教程

主　编　刘丘林　吴承霞

副主编　周小华　高　华　杨树峰

参　编　晏红江　蒋晓云　王艳群

　　　　郑学奎　柯　红

主　审　林怡峰　陈君辉

北京理工大学出版社

BEIJING INSTITUTE OF TECHNOLOGY PRESS

内 容 提 要

本书力求突出职业教育特色，把强化技能训练及实际岗位能力作为重点，采用国家最新颁布的关于装配式建筑的一系列规范，在内容编排上图文并茂、由浅入深，并结合动画视频二维码，引入数字化教学资源，引导学生在完成任务的过程中实现知识技能的内化。本书共分为五个项目，主要内容包括构件存放与运输、构件装配施工、构件灌浆施工、后浇连接施工、装配式建筑拼缝处理，设计了"基础知识""任务实操""历史故事"等项目，包含了从事装配式混凝土建筑施工所需的知识、能力和素质。

本书可作为高职高专建筑类专业和土建类相关专业的教材，也可作为相关工程技术人员的参考用书和培训教材。

图书在版编目（CIP）数据

装配式建筑施工教程 / 刘丘林，吴承霞主编 . -- 北京：

北京理工大学出版社，2021.9

ISBN 978-7-5763-0470-1

Ⅰ . ①装… Ⅱ . ①刘… ②吴… Ⅲ . ①装配式构件－建筑施工－教材 Ⅳ . ① TU3

中国版本图书馆 CIP 数据核字（2021）第 202188 号

出版发行 / 北京理工大学出版社有限责任公司

社　　址 / 北京市海淀区中关村南大街 5 号

邮　　编 / 100081

电　　话 / （010）68914775（总编室）

　　　　　（010）82562903（教材售后服务热线）

　　　　　（010）68944723（其他图书服务热线）

网　　址 / http://www.bitpress.com.cn

经　　销 / 全国各地新华书店

印　　刷 / 河北鑫彩博图印刷有限公司

开　　本 / 787 毫米 ×1092 毫米　1/16

印　　张 / 13　　　　　　　　　　　　　　　责任编辑 / 钟　博

字　　数 / 282 千字　　　　　　　　　　　　文案编辑 / 钟　博

版　　次 / 2021 年 9 月第 1 版　2021 年 9 月第 1 次印刷　　责任校对 / 周瑞红

定　　价 / 65.00 元　　　　　　　　　　　　责任印制 / 边心超

随着建筑行业转型升级步伐的加快，装配式建筑的应用范围越来越广泛，装配式建筑领域对于专业人才的需求也越来越急迫。编写一本既能适应建筑工业化发展需求又能适合高职院校学生学习，理论基础既扎实、实践能力又强，既能体现职业性又能表现逻辑性的专业实训教材，一直是我们追求的目标。特别是第45届世界技能大赛混凝土项目金牌选手陈君辉和首届全国技能大赛混凝土项目冠军林怡峰加入了编写团队，让教材操作性更强、标准更高。

本书将装配式构件的存放与运输作为基础模块，所有构件的安装采用项目教学形式，在相关训练项目中，以"关键技术点拨"和"工程实践及应用案例"等形式，采集编入了企业专家在实践中总结提炼出的技能绝招和精粹，以帮助学生快速提高技能水平，拓展工程应用能力。在强调良好的职业素养、安全教育、团队合作精神的同时，还穿插编入了"历史故事"，将"鲁班精神"和"工匠精神"等建筑领域的高技能人才的业绩与人生感悟以故事的形式插入其中，通过榜样的力量激发学生对技能和技术的学习热情，并从中领悟做人、做事的道理，增强趣味性和生动性，以期达到"教书"和"育人"的双重目的。本书具有以下特色：

学做一体：在关键内容和重要节点，增加"学中做、做中学""练一练""观察与思考"等部分，使学生能够及时掌握所学内容并学会独立思考。

手册式和活页式：每部分共同的知识点集中讲解，在学生较难理解的部分，对题目进行分解，通过实际操作训练，增强学生的理解力。

思政元素：将思政元素融入教材内容，插入我国古代建筑智慧，使学生对中华民族的伟大建筑工程有所了解，并引以为自豪。

思维导图：通过加入"知识树"的内容，使学生对所学内容有一个较系统的了解和掌握。

直观思维：针对学生特点，多用建筑工程实际图片、表格等直观表达，制作建筑工程视频、虚拟仿真等，使学生加深记忆，易懂易学。

跟随行业发展：适应国家大力发展装配式建筑的要求，使教材内容和建筑行业保持较高的"技术跟随度"。

本课程大约48学时。

项目一	项目二	项目三	项目四	项目五
8	12	12	6	10

　　本书由广州城建职业学院为主编单位，山东百库公司提供数字资源，广州南方学院、广东科贸职业学院和中国二十二冶集团有限公司参与编写。本书由刘丘林、吴承霞担任主编，由周小华、高华、杨树峰担任副主编，晏红江、蒋晓云、王艳群、郑学奎、柯红参与本书编写，具体编写分工为：项目一由周小华编写，项目二由杨树峰编写，项目三、项目四由刘丘林编写，项目五由晏红江编写，书中历史故事由高华编写，蒋晓云、王艳群、郑学奎、柯红等提供了教材编写所需的相关素材。全书由林怡峰、陈君辉主审，吴承霞负责统稿。

　　我们深知：职业教育"三教改革"任重道远，而教材建设又是课程建设与教学内容改革的载体，是向学生传授知识的重要手段。希望我们编写的教材能给职业教育的教材改革带来一股新风。

编　者

CONTENTS 目录

项目一 构件存放与运输

基础知识

知识树

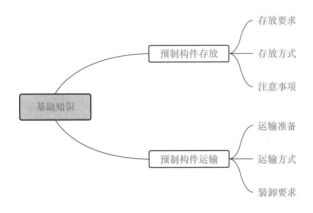

预制构件在工厂预制完成后，存放在堆场，然后运输至施工现场安装，存放和运输不当，会造成预制构件断裂、裂缝、翘曲、倾倒等质量和安全问题，既耽误工期又增加成本。因此，预制构件的合理存放和保质运输非常重要。

一、预制构件存放

（一）预制构件存放要求

（1）存放场地应平整、坚实，宜为经人工处理的地坪，并应设有排水措施。

（2）存放库区宜实行分区管理和信息化管理。

（3）存放场地大小根据构件的数量、尺寸及安装计划确定。构件在场地内应按照产品品种、规格型号、出厂日期、使用部位、安装顺序分类存放，编号清晰。不同类型构件之间应留有宽度不小于 0.7 m 的人行通道。

（4）预制构件不应与地面直接接触，

场地要平整排水，
构件要分类存放，
构件支点吊点要一致，
构件要防污防锈，
做好警示标识。

预制构件存放的要求有哪些？

构件须置于木方或软性材料置于方木或软性材料上，应合理设置垫块支点位置，确保预制构件存放稳定，支点宜与起吊点位置一致。

PC 构件施工现场
的堆放要求

（5）与清水混凝土面接触的垫块，应覆盖或包裹柔性材料，以防污染。

（6）预制构件堆放场地宜设置在起重机工作范围内且不受其他工序施工作业影响的区域，尽量避免转运，确保构件起吊方便且占地面积小。

（7）露天堆放时，预制构件的预埋铁件应有防锈措施。预制构件易积水的预留、预埋孔洞等处应采取封堵措施。

（8）预制构件应采用合理的防潮、防雨、防边角损伤措施，堆放边角处应设置明显的警示隔离标识，防止车辆或机械设备碰撞。

 学中做

图 1-1（a）、（b）所示存放方式是否正确？说出理由。

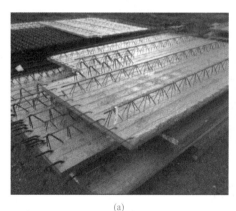

(a)

(b)

图 1-1　预制叠合板的存放

（二）预制构件存放方式

预制构件的堆放存储通常可采用水平堆放和竖向固定两种方式，见表 1-1。

表 1-1　预制构件存放方式

存放方式	适用构件	图例	备注
水平堆放	叠合板、楼梯、梁和柱		按照同项目、同规格、同型号的构件分别叠放，如需混叠，需进行专项设计

存放方式	适用构件	图例	备注
竖向固定	墙板		靠放： 靠放架具有足够的承载力和刚度，必须对称靠放且外饰面朝外，构件与地面倾斜角度应保持大于80°，板的上部应用垫块隔开
			插放： 插放架应有足够的承载力和刚度，并且支垫稳妥

学中做

图 1-2 中墙板的存放方式为_____，预制构件与地面倾斜角度_____，架的高度为预制构件高度的_____，饰面层朝_____（内或外）。

图 1-2　预制墙板的存放

（三）预制构件存放注意事项

（1）存放前应先对构件进行清理，套筒、埋件内无残余混凝土、粗糙面分明、光面上无污渍、挤塑板表面清洁等。

（2）应根据预制构件种类采取可靠的固定措施，预制构件应按吊装、存放的受力特征选择卡具、索具、托架等吊装和固定维稳措施。

构件现场存放

（3）对于超高、超宽、形状特殊的大型预制构件的存放应制定专门的质量安全保证措施。

（4）预制构件外露的金属埋件应镀锌或者刷防锈漆，防止锈蚀。

（5）预制构件外露钢筋应采取防弯折、防锈蚀处理，已套丝的钢筋端部盖好螺帽。

（6）对于清水混凝土构件，要做好成品保护，可采用包裹、盖、遮等有效措施达到防污染、防破损的目的。

（7）预制构件存放处 2 m 范围内不应进行电焊、气焊作业。

 学中做

请判断对错

1. 对预制构件外露的金属埋件刷漆，是为了方便分类存放。（　　）

2. 对于超高、超宽、形状特殊的大型预制构件的存放应制定专门的质量安全保证措施。（　　）

 关键技术点拨

场地平整，排水迅速；有支有垫，不伤构件；防潮防锈，分类存放。

二、预制构件运输

（一）预制构件运输的准备工作

构件运输的准备工作主要包括制定运输方案、设计并制作运输架、验算构件强度、清查构件、查看运输路线、车辆组织。

（1）制定运输方案：总包单位和构件生产单位应制定运输方案。其内容包括运输时间、次序、堆垛场地、运输线路、固定要求、堆垛支垫及成品保护措施等。对超高、超宽、形状特殊的大型构件的运输和堆垛应有专门的质量安全保证措施。

（2）设计并制作运输架：运输架应根据构件的质量和外形尺寸进行设计制作，且要尽量考虑运输架的通用性。常用的运输架形式如图 1-3、图 1-4 所示。

（3）验算构件强度：为避免在运输过程中出现裂缝，应对钢筋混凝土结构屋架和柱子等构件进行验算，验算构件在运输方案下最不利截面处的抗裂度，运输方案下最不利截面处的抗裂度，如有出现裂缝的可能，应进行加固处理。

预制构件的运输要求混凝土达到设计强度的100%，方可起吊。

图1-3　水平运输架

图1-4　立式靠放运输架

（4）清查构件：清查构件的型号、质量和数量，有无加盖合格印和出厂合格证书等。

（5）查看运输路线：组织运输有关责任人员查看道路情况，沿途桥梁、隧道、车道的承载能力、通行高度、宽度、坡度和弯度，制定最佳顺畅路线，如不能满足顺利通行的要求，应及时采取措施。

（6）车辆组织：预制构件运输车辆要求应尽量满足构件尺寸和载重要求，首先考虑公路管理部门的要求和运输路线的实际状况，以满足运输安全为前提。装卸构件后，货车总宽度不超过2.5 m，总高度不超过4.0 m，总长度不超过15.5 m，一般情况下，货车总重量不超过汽车允许载重，且不得超过40 t，特殊构件经过公路管理部门的批准并采取措施后，货车总宽度不超过3.3 m，货车总高度不超过4.2 m，总长度不超过24 m，总载重不超过48 t。图1-5所示为预制构件运输车辆。

图1-5　预制构件运输车辆

　学中做

预制构件的运输要求混凝土达到设计强度的_____，方可起吊（图1-6）。

图1-6 预制叠合梁的吊运

（二）预制构件的运输方式

预制构件的运输可采用低平板半挂车或专用运输车，并根据构件的种类不同而采取不同的固定方式，楼板采用平面堆放式运输、墙板采用斜卧式或立式运输、异形构件采用立式运输。目前，国内三一重工和中国重汽生产的预制构件专用运输车，已大量使用。

PC构件装车及运输

预制构件运输方式有立式运输和水平运输两种方式。

1．立式运输方式

立式运输方式是在低盘平板车上根据专用运输架情况，墙板对称靠放或插放在运输架上。其适用于内、外墙板和PCF板等竖向构件，如图1-7所示。

图1-7 立式运输方式

立式运输方式装卸方便、装车速度快、运输时安全性较好，但预制构件的高度或运输车底盘较高时可能会超高，无法在限高路段顺利通行。

2．水平运输方式

水平运输方式是将预制构件平放在运输车上，单层或多层放在一起进行运输。其适用于叠合楼板、阳台板、楼梯、梁及柱等预制构件的运输，如图1-8所示。

图1-8　水平运输方式

水平运输方式装车后重心比较低、运输安全性好、运输效率比较高，但对运输车底板平整度和装车时的支垫位置、支垫方式和装车后的封车固定要求比较高。

除此之外，对于一些小型构件和异形构件，多采用散装方式进行运输。

 学中做

适合立式运输方式的构件有_____，适合水平运输方式的构件有_____。

A．预制叠合楼板

B．预制墙板

C．预制楼梯

D．预制PCF板

E．预制叠合梁

F．预制柱

（三）预制构件的装卸要求

（1）装卸构件时，应采取保证车体平衡的措施；构件装车时应轻吊轻落，左右对称放置在车上，保持车上荷载分布均匀，装车安排应尽量将质量大的构件放在运输车辆前端或中央部位，质量小的构件放在运输车辆的两侧，尽量降低构件重心，确保车体平衡；卸车时按后装先卸的顺序进行，保持车身和构件稳定。

（2）构件与车身、构件与构件之间应设有毛毡、板条、草袋等隔离体，防止构件移动、碰撞、损坏。

（3）对构件边角部或链索接触处的混凝土，宜设置塑料贴膜或其他柔性保护衬垫，以防止构件损坏。

（4）需现场拼装的构件应尽量将构件成套装车或按安装顺序装车运至施工现场。

（5）起吊时，应拆除与相邻构件的连接，并将相邻构件支撑牢固。

（6）对大型构件，宜采用龙门式起重机或桁车吊运。采用龙门式起重机起吊前吊装工须检查吊钩是否挂好，构件中的螺钉是否拆除等，避免影响构件的起吊安全。

（7）构件从成品堆放区吊出前，应根据设计要求或强度验算结果，在运输车辆上支设好运输架。

（8）构件起吊运输或卸车堆放时，吊点的设置和起吊方法应按设计要求和施工方案确定。

（9）运输构件的搁置点：一般等截面构件在长度1/5处，板的搁置点在距离端部200～300 mm处；其他构件视受力情况确定，搁置点宜靠近节点处。

装卸车体要平衡，装卸顺序需保证；重型构件放中间，轻型构件放两边；接触构件保护好，隔离衬垫少不了；吊钩一定要挂好，相邻连接要拆掉距离端部200 mm处，搁置位置错不了

预制构件的装卸要求有哪些？

 学中做

请判断对错

1. 装卸预制构件时，质量大的构件放在运输车辆的两侧，尽量降低构件重心，确保车体平衡。（   ）

2. 构件与车身、构件与构件之间应设有毛毡、板条、草袋等隔离体，防止构件移动、碰撞、损坏。（   ）

 关键技术点拨

柔性隔离，不撞不移，固定封牢，不动不摇，制订计划，无损送达。

任务一　预制构件的水平存放与运输

知识树

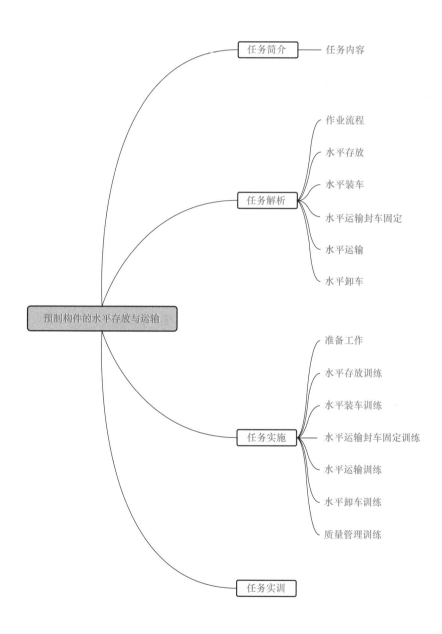

预制叠合板、预制楼梯、预制梁和预制柱等预制构件因构件规格型号、使用特性和检验状态与预制墙板不同，宜采用水平堆放和运输方式。核心任务包括预制叠合板、预制楼梯、预制梁和预制柱的存放与运输；延伸任务包括预制构件装卸车、封车固定等。在完成核心任务和延伸任务过程中落实质量管理、安全管理和文明作业要求。

任务解析

1. 作业流程

预制构件水平运输和固定流程图，如图1-9所示。

图1-9 预制构件水平运输和固定流程图

2. 水平存放

合理选取衬垫材料和支点位置，避免预制构件出现污染、裂缝、裂纹、缺棱掉角的现象。

3. 水平装车

根据预制构件类型不同，选择合适的垫木或木方作为衬垫材料。考虑车体平衡，避免车体倾覆，不伤害到预制构件。

4. 水平运输封车固定

采取合理封车固定措施，避免预制构件滑移、碰撞、损坏。

5. 水平运输

选用重型半挂牵引车或低重心预制构件专用运输车，车速平稳缓慢，不能使成品处于颠簸状态。

6. 水平卸车

卸车时应先检查是否存在安全隐患，避免构件在卸车过程中发生碰撞损坏，避免运输车辆出现由于卸车顺序不当发生倾覆等。

任务实施

预制叠合楼板的水平存储和水平运输训练指导见表1-2。

表 1-2 预制叠合楼板的水平存储和水平运输训练指导

任务	内容要求	岗位分工	分组名单	具体做法	遇到的问题及解决方案
准备工作	1. 运输车辆； 2. 隔离材料：垫块和木方； 3. 封车带、柔性衬垫材料； 4. 作业环境	1名学员任组长，负责统筹；1名学员负责运输车辆和作业环境检查；1名学员负责隔离材料的准备；1名学员负责封车带、柔性衬垫材料		1. 重型半挂牵引车或专用运输车，车辆载重量和车体尺寸符合叠合板的要求； 2. 隔离材料： 木板：20 mm×150 mm×200 mm； 混凝土垫块：边长为100 mm或150 mm的立方体，强度等级为C40； 木方：边长为100 mm或150 mm的立方体； 垫木：100 mm×100 mm×（300～500）mm； 3. 可调节柔性封车带； 4. 作业环境平整、易排水	
水平存放训练	1. 参考基础知识－预制构件存放要求； 2. 合理选取衬垫材料和支点位置，避免预制构件出现污染、裂缝、裂纹、缺棱掉角的现象	组长负责确认支点位置；3名学员负责支垫，1名学员负责预制叠合板的防污染、防破损		1. 对于宽度不大于500 mm的构件，宜采用长垫木，宽度大于500 mm的构件，可采用不通长垫木。 2. 垫木或垫块在布下的构件下宜与脱模、吊装时的起吊点位置一致，每层构件间的垫木或垫块应在同一垂直线上。 3. 构件平放时应有吊环向上，标识向外，便于查找及吊运。 4. 按照设计给出的支点或者吊点支撑，两侧支点距离端部200～300 mm处。 5. 码放高度不超过6层	
水平装车训练	选择合适的垫木或者木方作为衬垫材料。保持车体平衡，避免车体倾覆，不伤害到预制构件	组长负责指挥，2名学员吊装，1名学员支垫		1. 学员按照基础知识中预制构件的装卸要求装卸车。 2. 车辆底部采用通长垫木水平支架。叠合板层间选择合适木方为支点叠放，木方上下对齐，尺寸不小于100 mm，在垫块上面放置100 mm或150 mm见方的橡胶或硅胶或塑料材质的隔垫软垫，以防滑移或破损。 3. 按照设计给出的支点或者吊点支撑，两侧支点间同距不大于1.6 m。 4. 不同板号分别码放，高度不超过6层	

任务	内容要求	岗位分工	分组名单	具体做法	遇到的问题及解决方案
水平运输封车固定训练	采取合理封车固定措施，避免预制构件滑移、碰撞、损坏	组长负责指挥，1名学员准备隔垫材料、封车带、封车绳索等材料；2名学员配合封车		1. 采取防止构件移动、倾倒或变形的固定措施，构件与车体和架子用封车带绑在一起。 2. 预制构件有可能移动的空间要用聚苯乙烯板或者其他柔软材料进行隔垫，保证车辆急转弯、紧急制动、颠簸时构件不移动、不倾倒、不碰撞。 3. 固定预制构件与封车绳索接触的构件表面要有柔性并且不会造成污染的隔垫	
水平运输卸车训练	完成本项目基础知识中预制构件运输的基本要求，安全无损送达	组长负责组织，3名学员负责运输		1. 预制构件之间要留有间隙，构件之间、构件与车体之间、构件与架子之间要有隔垫，以防车中构件受到污染及碰撞。设置的隔垫要可靠。 2. 运输过程车辆不超重，不超速，尽量保持车速平稳。运输车速一般不超过60 km/h，转弯时车速低于40 km/h。大型预制构件平板拖车运输，时速宜控制在5 km/h以内	
水平运输卸车训练	避免构件在卸车过程中发生碰撞损坏，避免运输车辆出现由于卸车顺序不当发生倾覆	组长学员指挥，2名学员吊装，1名学员撤去支架		1. 卸车时应先检查是否存在安全隐患； 2. 卸车顺序：先装后卸，后装先卸，先两边后中间	
质量管理训练	1. 能够对本组学员的操作的不足之处给予评价； 2. 能够对其他学员的操作给予评价	组长负责，组织本组学员观摩其他组预制叠合板的水平存放和水平运输		1. 教师在作业训练时，不断提醒学员操作不当可能导致的质量问题和防范措施。 2. 不断强调职业素养训练中质量意识的核心要义"标准意识"（质量就是符合标准要求）	

1. 预制叠合板的水平存放要求（图 1-10），请参观预制场，观察存放要求是否符合要求。

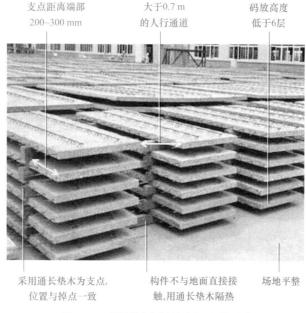

支点距离端部
200~300 mm

大于0.7 m
的人行通道

码放高度
低于6层

采用通长垫木为支点,
位置与掉点一致

构件不与地面直接接
触,用通长垫木隔热

场地平整

图 1-10　预制叠合板的水平存放要求

2. 预制叠合板的水平运输要求（图 1-11），请参观预制场，观察存放要求是否符合要求。

预制的叠合楼板运输码放高度小于 6 层，最多不超过 8 层。

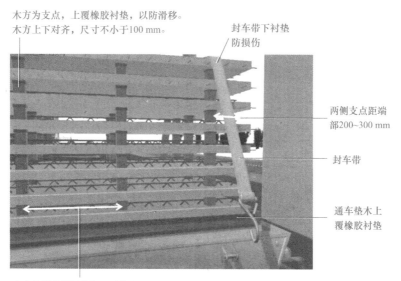

木方为支点,上覆橡胶衬垫,以防滑移。
木方上下对齐,尺寸不小于100 mm。

封车带下衬垫
防损伤

两侧支点距端
部200~300 mm

封车带

通车垫木上
覆橡胶衬垫

支点在板跨范围内间距不大于1.6 m

图 1-11　预制叠合板的水平运输要求

1. 不同预制构件的水平存放

不同预制构件水平存放的区别如图 1-12～图 1-15、表 1-3 所示。

表 1-3 预制构件水平存放区别表

区别	叠合板	梁、柱	楼梯	规则空调板、阳台板
隔离材料及要求	木板：20 mm 厚，150 mm×200 mm 宽；混凝土垫块：边长为 100 mm 或者 150 mm 的立方体，强度等级为 C40；垫木：100 mm×100 mm×（300～500）mm	木方：100 mm×100 mm 或者 300 mm×300 mm	木方：100 mm×100 mm×（400～600）mm	参考叠合板
支点位置	按照设计给出的支点或者吊点支撑，两侧支点距端部 200～300 mm 处	两点支撑，支点取长度 1/5 处	在吊点处支撑	参考叠合板
码放高度	6 层	3 层	4 层	参考叠合板

图 1-12 预制叠合梁的水平存放

图 1-13 预制柱的水平存放

图 1-14 预制楼梯的水平存放

图 1-15 预制阳台板的水平存放

2．不同预制构件的水平运输

不同预制构件水平运输的不同点如图1-16～图1-19、表1-4所示。

表1-4　叠合板、梁、柱、楼梯、规则空调板、规则阳台板的水平运输区别表

区别	叠合板	梁、柱	楼梯	规则空调板、阳台板
隔离材料及要求	垫木：长宽高不小于100 mm，垫木距板端200～300 mm；	木方：100 mm×100 mm 或者300 mm×300 mm	垫木：长宽高不小于100 mm；最下面垫木为通长垫木	参考叠合板
支点位置	按照设计给出的支点或者吊点支撑，两侧支点距端部200～300 mm处	两点支撑，支点取长度1/5处	在吊点处支撑	参考叠合板
限制叠合层数	6	2	2	3

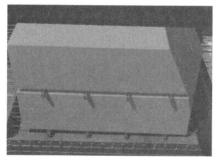

图1-16　预制叠合梁的水平运输

图1-17　预制柱的水平运输

叠合板的吊运放置

图1-18　预制楼梯的水平运输

图1-19　预制异形构件的水平运输

预制楼梯的吊运

✳ **任务实训**

（1）预制柱的水平存储和水平运输训练见表1-5。

表 1-5 预制柱的水平存储和水平运输训练

任务	内容要求	岗位分工	分组名单	具体做法	遇到的问题及解决方案
准备工作					
存放训练					
装车训练					

续表

任务	内容要求	岗位分工	分组名单	具体做法	遇到的问题及解决方案
运输封车固定训练					
运输训练					
卸车训练					
质量管理训练					

（2）预制叠合梁的水平存储和水平运输训练

预制叠合梁的水平存储和水平运输训练见表 1-6。

表 1-6　预制叠合梁的水平存储和水平运输训练

任务	内容要求	岗位分工	分组名单	具体做法	遇到的问题及解决方案
准备工作					
存放训练					
装车训练					
运输封车固定训练					
运输训练					
卸车训练					
质量管理训练					

（3）预制楼梯的水平存储和水平运输训练见表 1-7。

表 1-7　预制楼梯的水平存储和水平运输训练

任务	内容要求	岗位分工	分组名单	具体做法	遇到的问题及解决方案
准备工作					
存放训练					
装车训练					
运输封车固定训练					
运输训练					
卸车训练					
质量管理训练					

任务二 预制构件的立式存放与运输

知识树

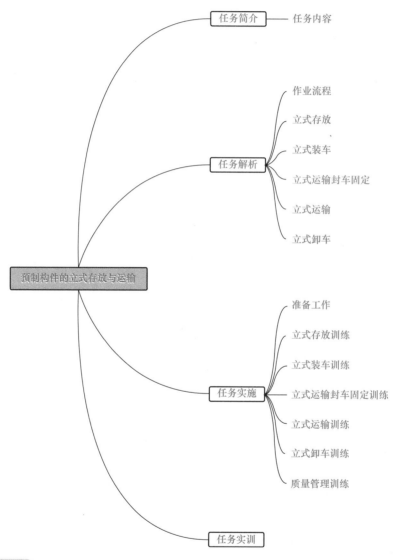

任务简介 —— 任务内容

任务解析 —— 作业流程
—— 立式存放
—— 立式装车
—— 立式运输封车固定
—— 立式运输
—— 立式卸车

预制构件的立式存放与运输

任务实施 —— 准备工作
—— 立式存放训练
—— 立式装车训练
—— 立式运输封车固定训练
—— 立式运输训练
—— 立式卸车训练
—— 质量管理训练

任务实训

任务简介

内、外墙板及 PCF 板等竖向预制构件因构件规格型号、使用特性和检验状态与水平构件不同，应采用立式堆放和运输方式。核心任务包括剪力墙板的存放和运输；延伸任务包括构件装卸车、封车固定等。在完成核心任务和延伸任务的过程中落实质量管理、安全管理和文明作业要求。

任务解析

1．作业流程

预制构件立式运输和固定流程，如图1-20所示。

图1-20　预制构件立式运输和固定流程图

2．立式存放

合理选取存放架和衬垫材料，避免预制构件出现污染、裂缝、裂纹、缺棱掉角的现象。

3．立式装车

根据预制构件特点，选取合适的靠放架（图1-21）或者插放架（图1-22）、衬垫材料。考虑车体平衡，避免车体倾覆，不伤害到预制构件。

图1-21　预制墙板的靠放架

图1-22　预制墙板的插放架

4．立式运输封车固定

采取合理封车固定措施，避免预制构件滑移、碰撞、损坏。

5．立式运输

选用重型半挂牵引车或低重心预制构件专用运输车，车速平稳缓慢，不能使成品处于颠簸状态。

6．立式卸车

卸车时应首先检查是否存在安全隐患，避免构件在卸车过程中发生碰撞损坏，避免运输车辆出现由于卸车顺序不当发生倾覆等。

任务实施

预制墙板的立式靠放存放和立式靠放运输训练指导见表1-8。

表 1-8　预制墙板的立式靠放存放和立式靠放运输训练指导

任务	内容要求	岗位分工	分组名单	具体做法	遇到的问题及解决方案
准备工作	1. 运输车辆； 2. 隔离材料：垫块和木方； 3. 封车带、柔性衬垫材料； 4. 作业环境	1名学员任组长、负责统筹；1名学员负责运输车辆和作业环境检查；1名学员负责隔离材料的准备；1名学员负责封车带、柔性衬垫材料		1. 重型半挂牵引车或专用运输车，车辆载重量和车体尺寸符合预制墙板的要求； 2. 隔离材料： 靠斜架：倾斜角度大于80°，高度为墙板高的2/3； 三角形木垫：和靠放架配套； 橡胶衬垫：同木垫表面大小； 木板：20 mm×150 mm×200 mm； 3. 可调节柔性封车带或者链索；柔性衬垫材料-泡沫板； 4. 作业环境略微粗糙、便于排水。	
立式存放训练	1. 参考基础知识-预制构件存存放要求； 2. 合理选取衬垫材料和支点位置，避免预制构件出现污染、裂缝、裂纹、缺棱掉角的现象	组长负责确认支点位置；3名学员负责支垫，1名学员负责预制墙板的防破损、防污染		1. 靠放时应有牢固的靠放架，必须对称靠放和吊运，有饰面的墙板，饰面需朝外； 2. 构件的断面高宽比大于2.5时，堆放时下部应加支撑或有坚固的堆放架，上部应拉牢，避免倾倒； 3. 堆放位置设置为粗糙面，以防止脚手架滑动。 4. 薄型预制构件、预制构件的薄弱部位和门窗洞口应采取防变形开裂时的临时加固措施。 5. 堆放架底部设黑胶垫防滑，每侧叠放层数不超过4层	
立式装车训练	选择合适的垫木或者木方作为衬垫材料。保持车体水平衡，避免车身倾覆，不伤害到预制构件	组长负责指挥，2名学员吊装，1名学员支垫		1. 学员按照基础知识中预制构件的装卸要求装卸车。 2. 先装车头靠放架，后装车尾靠放架。 3. 在垫块上面放置100 mm或150 mm见方的橡胶或塑料材质的隔离垫软垫，以防滑移或破损。 4. 墙板在堆放架两侧对称放置，每侧不超过2层，墙板与墙板之间用泡沫板隔离	

任务	内容要求	岗位分工	分组名单	具体做法	遇到的问题及解决方案
立式运输封车固定训练	采取合理封车固定措施，避免预制构件滑移、碰撞损坏	组长负责指挥，1名学员准备隔垫材料、封车带、封车绳等材料；2名学员配合封车		1. 采取防止构件移动、倾倒或变形的固定措施，构件与车体应用封车带绑在一起。 2. 预制墙板有可能移动的空间要采用聚苯乙烯板或者其他柔软材料进行隔垫，保证车辆急转急刹车等急动、上坡、颠簸时构件不移动、不倾倒、不磕碰。 3. 固定构件与封车绳索接触的构件表面要有柔性并不会造成污染的隔垫	
立式运输车训练	完成本项目基础知识中预制构件运输的基本要求，安全无损送达	组长负责组织，3名学员负责运输		1. 预制构件之间要留有间隙，构件之间、构件与车体之间、构件与架子之间要有隔垫，以防在运输过程中构件受到污染及磕碰。设置隔垫的隔垫要可靠，防隔垫滑落。 2. 运输过程车辆不超重，不超速、平稳。运输车速一般不应超过60 km/h，转弯时应低于40 km/h。大型预制构件采用平板拖车运输，时速宜控制在5 km/h以内	
立式卸车训练	避免构件在卸车过程中发生碰撞损坏，避免运输车辆出现由于卸车顺序不当发生倾覆	组长负责指挥，2名学员吊装，1名学员撤去支垫		1. 卸车时应先检查是否存在安全隐患； 2. 卸车顺序：先装后卸、后装先卸，先两边后中间	
质量管理训练	1. 能够对本组学员的操作的不足之处给予评价； 2. 能够对其他组学员的操作给予评价	组长负责，组织本组学员观摩其他组组练预制叠合板的立式存放和立式运输		1. 教师在作业训练时，不断提醒学员操作不当可能导致的质量问题和防范措施。 2. 不断强调职业素养训练中质量意识的核心要义"标准意识"（质量就是符合标准要求）	

1. 预制墙板立式靠放的存放要求（图1-23），请参观预制场，观察存放要求是否符合要求。

靠放架高度为预制构件高度的2/3以上　墙板的饰面朝外　每侧对称放置

墙板与靠放架、墙板之间用泡沫板隔垫

通长三角形垫木上覆黑色橡胶隔垫　倾斜角度80°

图1-23　预制墙板立式靠放的存放要求

2. 预制墙板立式靠放的运输要求（图1-24），请参观预制场，观察存放要求是否符合要求。

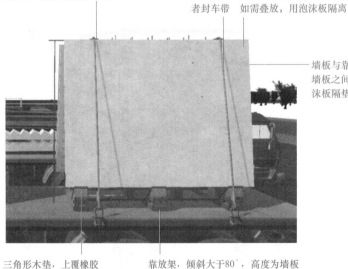

黑色衬垫，用以保护构件边角混凝土和与链索接触混凝土　链索或者封车带　墙板在靠放架两侧对称放置，上部用木板隔开，饰面朝外，如需叠放，用泡沫板隔离

墙板与靠放架、墙板之间用泡沫板隔垫

三角形木垫，上覆橡胶衬垫，以放墙板滑动　靠放架，倾斜大于80°，高度为墙板高度的2/3，与车体固定牢固

图1-24　预制墙板立式靠放的运输要求

剪力墙的吊运

关键技术点拨

1．预制墙板立式靠放与插放技术相同点（图1-25、图1-26）

（1）靠放架或插放架应具有足够的强度、刚度和稳定性，并与车体固定牢固。

（2）宜采用木方做垫方，垫方上覆盖胶皮，以防滑移及防止预制构件垫方处造成污染或破损。

（3）泡沫板隔垫在墙板与墙板之间，以防磕碰损坏。

（4）竖向薄壁构件运输，需设置临时防护支架。

图1-25 插放架立式存放

图1-26 插放架立式运输

2．预制墙板立式靠放与插放技术不同点

预制墙板立式靠放与插放技术的不同点见表1-9。

表1-9 预制墙板立式靠放与插放不同点

项目	靠放	插放
不同点	1. 靠放架尺寸、形状如图1-23所示。 2. 底部支垫三角形垫木。 3. 泡沫板隔垫在墙板与墙板之间。 4. 每侧叠放不超过2层。 5. 运输时用链索或者封车带固定墙板	1. 插放架两侧有斜撑固定。 2. 底部支垫通长垫木。 3. 木楔隔垫墙板与插放架之间，以防倾倒。 4. 叠放层数和插放架设计有关。 5. 运输时重心过高，在插放架下部增加配重沙袋，保证运输的稳定。 6. 运输时用可伸缩悬臂或者木楔固定墙板

任务实训

预制墙板的立式插放存放和立式插放运输任务见表1-10。

表 1-10 预制墙板的立式插放存放和立式插放运输任务

任务	内容要求	岗位分工	分组名单	具体做法	遇到的问题及解决方案
准备工作					
存放训练					
装车训练					

任务	内容要求	岗位分工	分组名单	具体做法	遇到的问题及解决方案
运输封车固定训练					
运输训练					
卸车训练					
质量管理训练					

　　装配式建筑在我国历史悠久，我国最早的木结构建筑大都以榫卯连接，也属于装配式建筑的范畴。从北京故宫的太和殿（图1-27）到享誉中外的应县木塔（图1-28），古人给我们留下了丰富的装配式建筑宝藏。

　　我国是建筑历史悠久的文明国家，闻名中外的北京故宫太和殿就是中国现存最大的木结构大殿。太和殿俗称"金銮殿"，建成于明永乐十八年（1420年），位于北京故宫博物院的南北中轴线的显要位置，殿高35.05 m，面积2 377 m²，共55间，72根大柱，是故宫中最高大的建筑。太和殿除有奇异的雕梁画栋、独特的设计布局及令人目不暇接的稀世珍宝外，它的坚固程度也令人叹为观止，其内部及外部构造是中华民族古老智慧的结晶。

图1-27　故宫的太和殿

图1-28　应县的木塔

　　享誉中外的山西应县木塔，建于辽清宁二年（宋至和三年，1056年），是中国现存最高最古老的且唯一一座木构塔式建筑。与意大利比萨斜塔、巴黎埃菲尔铁塔并称"世界三大奇塔"，塔高67.31 m，底层直径30.27 m，呈平面八角形。木塔遭受了多次强地震袭击，仅烈度在五度以上的地震就有十几次，而保证木塔千年不倒的原因是其结构非常科学合理，卯榫结合，刚柔相济，这种刚柔结合的特点有着巨大的耗能作用，这种耗能减震作用的设计，甚至超过现代建筑学的科技水平。

项目二 构件装配施工

基础知识

知识树

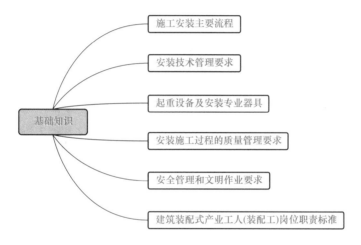

基础知识
- 施工安装主要流程
- 安装技术管理要求
- 起重设备及安装专业器具
- 安装施工过程的质量管理要求
- 安全管理和文明作业要求
- 建筑装配式产业工人(装配工)岗位职责标准

装配式建筑（图2-1）是与传统现浇建筑（图2-2）相对应的一种建造方式，是由预制混凝土构件通过可靠的连接方式装配而成的混凝土结构。

图2-1 装配式建筑

图2-2 传统现浇建筑

一、装配式建筑标准层施工安装主要流程

标准层施工安装主要流程如图2-3、图2-4所示。

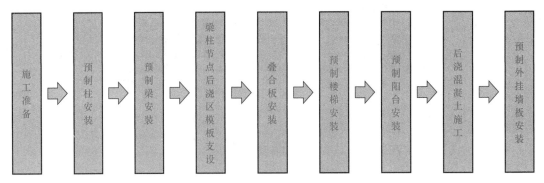

图 2-3 标准层施工安装主要流程

图 2-4 安装主要流程

二、安装技术管理要求

（1）安装前，施工单位应制定装配式结构施工专项方案。施工方案应结合结构深化设计、构件制作、运输和安装全过程各工况的验算，以及施工吊装与支撑体系的验算等进行策划和制定，充分反映装配式结构施工的特点和工艺流程的特殊要求。

（2）装配式结构工程专项施工方案包括模板与支撑专项方案、钢筋专项方案、混凝土专项方案及预制构件安装专项方案等。

（3）装配式结构专项方案主要包括但不限于的内容有整体进度计划、预制构件运输、施工场地布置、构件安装、施工安全、质量管理、绿色环保。

（4）安装施工必须按照批准的专项施工方案进行。

现阶段我国各地区统一使用的有关规范标准有《装配式混凝土建筑技术标准》（GB/T 51231—2016）、《装配式混凝土结构技术规程》（JGJ 1—2014）等。

吊装设备及选型；
常用设备及工器具

管理关键点拨

安装前有方案、操作前要交底、作业中要规范、任务完要检查。

三、起重设备及安装专业工器具

1. 起重设备和吊具

（1）起重设备。起重设备种类有塔式起重机、履带式起重机、汽车式起重机（图2-5）、非标准起重装置（拔杆、桅杆式起重机）配套吊装索具及工具。

图2-5　起重设备（塔式起重机、履带式起重机、汽车式起重机）

当建筑层数较多，高度较大，综合考虑其他施工作业的垂直运输问题，一般均选用塔式起重机。塔式起重机选择应考虑以下几个方面：

1）应根据平面图选择合适吊装半径的塔式起重机。

2）对最重构件进行吊装分析，确定吊装能力。

3）对起重高度需考虑建筑物的高度（安装高度比建筑物高出 2 ～ 3 节标准节，一般高出 10 m 左右）。群体建筑中相邻塔式起重机的安全垂直距离（要求错开 2 节标准节高度）。

4）检验构件堆放区域是否在吊装半径之内，且相对于吊装位置正确，避免二次移位。

（2）吊具（图2-6）。

图2-6　常见吊具（吊索、卸扣、手拉葫芦）

1）吊索选择。钢丝绳吊索，一般选型号为 6×19+1 互捻钢丝绳，此钢丝绳强度较高，吊装时不易扭结。

吊索安全系数 $n=6 \sim 7$，吊索大小、长度应根据吊装构件质量和吊点位置计算确定。吊索和吊装构件吊装夹角一般控制在不小于 45°。

2）卸扣选择。卸扣大小应与吊索相配。

3）手拉葫芦选择。手拉葫芦用来完成构件卸车时翻转和构件吊装时的水平调整。手拉葫芦在吊装中受力一般大于所配吊索，吊装前要根据构件质量、设置位置、翻转吊装和水平调整过程中手拉葫芦最不利角度通过计算来确定，一般选用 3 t 手拉葫芦即可，一般应该大于或等于吊索的质量。

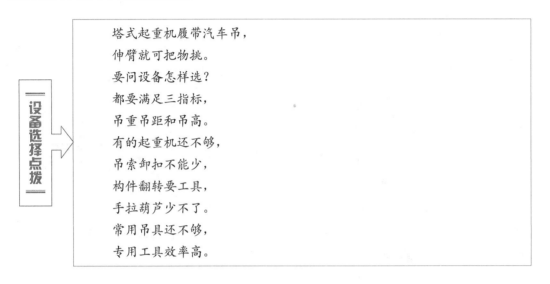

设备选择点拨

塔式起重机履带汽车吊，

伸臂就可把物挑。

要问设备怎样选？

都要满足三指标，

吊重吊距和吊高。

有的起重机还不够，

吊索卸扣不能少，

构件翻转要工具，

手拉葫芦少不了。

常用吊具还不够，

专用工具效率高。

（3）塔式起重机基础知识。

1）装配式建筑塔式起重机的特点。与一般房屋建筑塔式起重机相比，装配式建筑塔式起重机具有起重力矩（吊运吨位）大，额定力矩一般为 160 ~ 250 t·m；能够无级变速，满足装配式建筑施工中各种复杂工况下的精准慢就位要求。

2）运行机构。塔式起重机有起升机构、小车牵引（变幅）机构和回转机构三个主要运行机构。起升机构运行时，吊钩起升或下落；小车牵引机构运行时，吊钩沿起重臂向前或向后运动；回转机构运行时，起重臂向左或向右旋转。允许塔式起重机同时运行两个机构，但不得同时运行三个机构。

3）塔式起重机限位保护装置。起升高度限位器用于起升高度限位，吊钩起升至与起重臂限定距离时，将无法再起升；变幅限位器用于小车牵引运行行程限位，当变幅小车向前运动至与起重臂最前端一定距离时，将无法再向前；向后运动到与塔身一定距离时，将无法再向后；回转限位器用于限制塔式起重机回转的角度，为保护塔式起重机电缆，限制起重臂向左或向右旋转圈数。

4）塔式起重机能够吊运重物的质量和位置。吊运重物质量（含吊具质量）= 额定力矩／吊钩的幅度（即吊钩与塔身中轴线的距离）。在起吊时，塔式起重机吊运重物的力矩超过额定力矩时，将无法起吊；在吊钩向前运动时，塔式起重机吊运重物的力矩要超过额定力矩时，将无法继续向前运动。

2．施工安装专用工器具

预制构件在施工安装过程中应用大量的预制构件专用安装工器具，提高了施工安装效率，保证了安装质量，如通用吊装梁（图2-7），预制构件斜支撑（图2-8）、水平、竖向支撑（图2-9），套筒灌浆及搅拌设备（图2-10），预制外挂板插放架、预制梁夹具等。

图2-7　吊装梁

图2-8　斜支撑

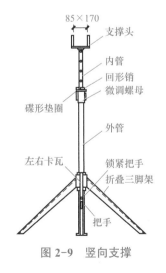

图2-9　竖向支撑

图2-10　灌浆机

四、预制构件安装施工过程的质量管理要求

（1）接受质量技术交底，并予以遵循。

（2）选择有代表性的单元板块进行试安装，并根据试安装结果及时调整完善吊装方案和施工工艺。

（3）使用撬棍微调时，注意选好着力点，撬棍扁的一面要与预制构件全面贴合，保护好预制构件混凝土面。

（4）不得对预制构件进行切割、开洞。

（5）对预制构件上的预埋件应采取保护措施。

（6）对照《预制构件安装与连接检验批质量验收记录表》，确保预制构件位置、标高、相邻构件底面平整度、搁置长度在允许偏差之内。

五、安全管理和文明作业要求

（1）进入施工现场必须戴好安全帽，操作人员在进行高处作业时，必须正确使用安全带。

（2）吊装前必须检查组合横吊梁（铁扁担）、索具、吊钩等起重用品的性能是否可靠。

（3）起重吊装的指挥人员必须持证上岗，作业时应与驾驶员密切配合，执行规定的指挥信号。驾驶员应听从指挥，当信号不清或错误时，驾驶员可拒绝执行。

（4）禁止在六级及以上风的情况下进行吊装作业。

（5）严禁起吊重物长时间悬挂在空中，作业中遇突发故障，应采取措施将重物降落到安全地方，并切断电源进行检修。突然停电时，应立即把所有控制器拨到零位，断开电源总开关，并采取措施使重物降到地面。

（6）起重机吊钩和吊环严禁补焊，当吊钩和吊环表面有裂纹、严重磨损或危险断面有永久变形时应更换。

（7）用电设备必须配备"三级配电两级保护"，做到"一机一闸一漏一箱"。

灌浆施工注意温度；操作过程专人监督；制作浆料测流动度；下口灌注上口封堵；浆料应半小时用完。

吊装作业安全管理和文明作业要求有哪些？

学中做

安装人员工作时除必须佩戴安全帽外，还有_____安全装置。

六、建筑装配式产业工人（装配工）岗位职责标准

根据装配式建筑施工特点，结合广东省装配式建筑施工经验，经专家多次研讨论证，确定装配式建筑预制构件安装现场的作业人员标准配置由5人组成，其中指挥人员1人、测量人员1人、安装人员3人，这些人员统称装配工。

装配作业是由一个团队合作才能完成的项目，为保安全、保质量，特制定装配工各岗位的职责标准。具体标准如下。

（一）安装指挥员岗位职责标准

安装指挥员是装配式作业团队的灵魂，负责整个团队的协调管理工作。其主要有以下职责：

（1）负责检查安装准备工作完成情况（如材料、工器具的准备情况、人员到位情况等）。

（2）负责检查现场作业条件是否具备安装条件（如不具备条件，应及时向有关负责人汇报）。

（3）根据安装构件的特点，对安装团队成员进行分工及任务安排，告知应注意的事项。

（4）安装作业时，指挥各工作岗位的操作，及时向团队成员发出正确指令；并及时纠正团队成员错误操作；与安装团队之外的人员保持良好的沟通。

（5）对安装操作过程中的安全负责。

（6）及时正确指挥处理安装过程中发生的突发事件。

（7）负责带领安装团队对安装后的工程质量进行自检，合格后方可进行下一步施工。

（8）协助及配合企业质量和安全管理人员对装配构件安装检查的相关工作。

信号明确、检查构件外观质量、检查吊点、吊具、明确起重情况、明确构件类型、位置信息。

（二）安装测量员岗位职责标准

（1）负责准备安装测量用的工器具，并保证仪器的正常使用。

（2）负责预制构件安装前的测量工作，根据工程技术人员给定的测量控制线和高程，放出安装控制高程和位置。

（3）在安装过程中，负责预制构件安装的位置、高程、垂直度等测量数据收集，及时反馈给指挥人员，保证安装质量。

（4）听从安装指挥员的指令，协助安装人员安装预制构件。

（5）负责安装完成后的复测工作，并对测量数据负责。

（6）安装作业全部完成后，应检查并收好测量工器具，以防遗失。

明确构件位置信息、构件控制线、轴线清晰、构件标高测量准确、预留钢筋位置准确、构件垂直度准确。

（三）安装员岗位职责

（1）负责预制构件安装前的准备工作（工器具的准备）、临时支撑准备及搭设。

（2）负责作业条件的检查，发现不符合安装条件时，及时向指挥员反映。

（3）听从安装指挥员的指令，服从安排。

（4）协助测量员进行测量工作。

（5）安装作业时负责对预制构件安装位置的调整、安装构件的临时固定、吊具拆除等工作。

（6）保证安装作业的安全，保证安装质量。

（7）做到文明施工，工完料净场清，收好工器具。

（8）协助指挥员完成其他工作。

检查吊具、梯子、安全带。明确待安装构件位置、检查吊点连接后状态、完成后吊具存放。

检查斜支撑状态、明确斜支撑位置、构件安装位置、牵引绳牵引构件、预留钢筋位置校正、对孔、斜支撑紧固、构件控制线与垂直度控制。

任务一　指挥吊运

知识树

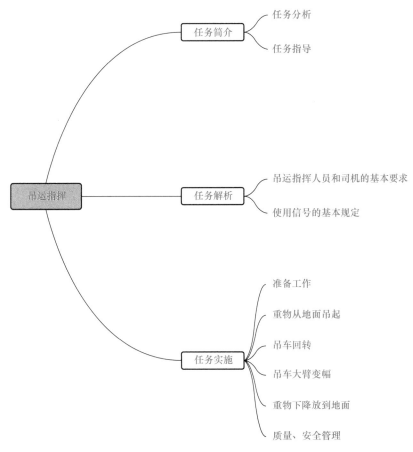

任务简介

　　完成对某预制混凝土墩的吊运指挥，包括预制混凝土墩从放置的位置吊运到指定的位置，再从指定位置吊回原位的吊运指挥。

　　※ 任务分析

　　（1）完成上述任务工作需要 1 名指挥人员，1 名起重机司机。

　　（2）吊运动作包括：向起重机司机发出预备指令；指挥司机把吊钩移动到吊件位置；挂吊钩后指挥起重机微微吊起重物，确认安全后，指挥吊起重物；指挥吊运至指定位置上方，徐徐落下吊物；指挥安放在指定位置；再用同样的动作把重物调回原位；收起吊具，结束吊运。

　　（3）指挥人员使用的信号有四种：手势信号、旗语信号、音响信号、语言信号。

（1）基本指挥能力训练，可分组训练，也可大班进行训练。

1）单项训练：用单一信号进行指挥，此项训练可以一人给出指令，多人同时进行操练。

①用手势信号进行指挥训练，一名学员任意给出一个指令，让指挥人员做出该指令手势动作。

②用旗语信号进行指挥，一名学员任意给出一个指令，让指挥人员做出该指令旗语动作。

③用哨子进行指挥，一名学员任意给出一个指令，让指挥人员做出该指令的正确哨声。

④用语言进行指挥，一名学员任意给出一个指令，让指挥人员做出该指令的正确语言。

2）综合训练：用两种以上的指挥信号进行指挥吊运。1名学员任意给出一个指令，让指挥人员用两种不同指令信号做出该指令动作。

（2）模拟吊运指挥任务训练。按照指挥吊车将重物从地面吊起、吊运一圈、下降放回原地的任务进行指挥训练。本任务按照3人一组，吊运前做好准备工作；起重机可采用模拟起重机，1人指挥，1人操作，1人协助；每组成员交替训练，训练要求使用音响信号与手势或旗语信号的配合进行指挥，也可使用语言与手势信号进行配合指挥。

训练结束老师对学生训练结果进行点评。

任务解析

为确保起重吊运安全，防止发生事故，适应科学管理的需要，吊运作业应严格按照《起重机 手势信号》（GB/T 5082—2019）实施。学员要掌握装配式建筑吊运指挥的基本知识，熟记指挥指令、起重机司机使用的音响信号。

一、吊运指挥人员和司机的基本要求

1．指挥人员的职责及其要求

（1）指挥人员应根据本标准的信号要求与起重机司机进行联系。

（2）指挥人员发出的指挥信号必须清晰，准确。

（3）指挥人员应站在使司机看清指挥信号的安全位置上。当跟随负载运行指挥时，应随时指挥负载避开人员和障碍物。

（4）指挥人员不能同时看清司机和负载时。必须增设中间指挥人员以便逐级传递信号，当发现错传信号时，应立即发出停止信号。

（5）负载降落前，指挥人员必须确认降落区域安全时，方可发出降落信号。

（6）当多人绑挂同一负载时，起吊前，应先做好呼唤应答，确认绑挂无误后，方可由1人负责指挥。

（7）同时用两台起重机吊运同一负载时，指挥人员应双手分别指挥各台起重机，以确保同步吊运。

（8）在开始起吊负载时，应先用"微动"信号指挥。待负载离开地面100～200 mm稳妥后，再用正常速度指挥。必要时。在负载降落前，也应使用"微动"信号指挥。

（9）指挥人员应佩带鲜明的标志，如标有"指挥"字样的臂章、特殊颜色的安全帽、

工作服等。

（10）指挥人员所戴手套的手心和手背要易于辨别。

2．起重机司机的职责及其要求

（1）司机必须听从指挥人员的指挥，当指挥信号不明时，司机应发出"重复"信号询问，明确指挥意图后，方可开车。

（2）司机必须熟练掌握《起重机手势信号》（GB/T 5082—2019）规定的通用手势信号和有关的各种指挥信号，并与指挥人员密切配合。

（3）指挥人员所发信号违反信号标准的规定时，司机有权拒绝执行。

（4）司机在开车前必须鸣铃示警，必要时，在吊运中也要鸣铃，通知受负载威胁的地面人员撤离。

（5）在吊运过程中，司机对任何人发出的"紧急停止"信号都应服从。

二、使用信号的基本规定

指挥人员常使用的信号有手势信号、旗语信号、音响信号、语言信号四种。

1．指挥人员使用的手势信号

以指挥人员的手心、手指或手臂表示吊钩、臂杆和机械位移的运动方向。

手势信号应符合下列要求：

（1）手势信号应合理使用，并被起重机操作人员完全理解。

（2）手势信号应清晰、简洁、以防止误解。

（3）非特殊的单臂信号可以使用任何一只手臂表示（特殊信号可以用一只左手或右手表示）。

（4）指挥人员应遵循以下规定：

1）处于安全位置；

2）应被操作人员清楚看见；

3）便于清晰观察载荷或设备。

（5）操作人员接收的手势信号只能由一个人给出，紧急停止信号除外。

（6）必要时，信号可以组合使用。

1）通用手势信号。通用手势信号是指各种类型的起重机在起重吊运中普遍适用的指挥手势（表2-1）。

表 2-1　通用手势信号

指挥指令	操作要点	图示
操作开始（准备）	手心打开、朝上，水平伸直双臂	

指挥指令	操作要点	图示
停止（正常停止）	单只手臂，手心朝下，从胸前至一侧水平摆动手臂	
紧急停止（快速停止）	两只手臂，手心朝下，从胸前至两侧水平摆动手臂	
结束指令	胸前紧扣双手	
平稳或精确地减速	掌心对扣，环形互搓，这个信号发出后应配合发出其他的手势信号	

学中做

请大家演示开始、结束手势；停止手势；吊钩平稳减速手势。

2）垂直运动手势信号。垂直运动手势信号见表2-2。

表2-2　垂直运动手势信号

指挥指令	操作要点	图示
指示垂直距离	将伸出的双臂保持在身体正前方，手心上下相对	

指挥指令	操作要点	图示
匀速起升	一只手臂举过头顶，握紧拳头并向上伸出食指，连同前臂小幅地水平画圈	
慢速起升	一只手给出起升信号，另外一只手的手心放在它的正上方	
匀速下降	向下伸出一只手臂，离身体一段距离，握紧拳头并向下伸出食指，连同前臂小幅地水平画圈	
慢速下降	一只手给出下降信号，另外一只手的手心放在它的正下方	

学中做

请大家演示起升手势（匀速、慢速）；下降手势（匀速、慢速）；指示垂直距离。

3）水平运动手势信号。水平运动手势信号见表2-3。

表 2-3 水平运动手势信号

指挥指令	操作要点	图示
指定方向的运行 / 回转	伸出手臂，指向运行方向，掌心向下	
驶离指挥人	双臂在身体两侧，前臂水平地伸向前方，打开双手，掌心向前，在水平位置和垂直位置之间，重复地上下挥动前臂	
驶向指挥人员	双臂在身体两侧，前臂保持在垂直方向，打开双手，掌心向上，重复地上下挥动前臂	
两个履带的运行	在运行方向上，两个拳头在身前相互围绕旋转向前或向后	 (a) (b)
单个履带的运行	举起一个拳头，指示一侧的履带紧锁。在身体前方垂直地旋转另外一只手的拳头，指示另外一侧的履带运行	

指挥指令	操作要点	图示
指示水平距离	在身前水平伸出双臂，掌心相对	
翻转（通过两个起重机或两个吊钩）	水平、平行地向前伸出两只手臂，按翻转方向旋转90°	 (a) (b)

注：足够的安全余量是每台起重机或吊钩能够承受瞬时偏载的保证。

学中做

请大家演示驶向指挥人员手势；履带运行手势（单个、两个）；指示水平距离；翻转手势。

4）相关部件运行手势信号。相关部件运行手势信号见表2-4。

表2-4　相关部件运行手势信号

指挥指令	操作要点	图示
主起升机构	保持一只手在头顶，另一只手在身体一侧，在这个信号发出之后，任何其他手势信号只用于指挥主起升机构。当起重机具有两套或以上主起升机构时，指挥人员可通过手指指示的方式来明确数量	
副起升机构	垂直地举起一只手的前臂，握紧拳头，另外一只手托于这只手臂的肘部，在这个信号发出后，任何其他手势信号只用于指挥副起升机构	

指挥指令	操作要点	图示
臂架起升	水平地伸出手臂，并向上竖起拇指	
臂架下降	水平地伸出手臂，并向下伸出拇指	
臂架外伸或小车向外运行	伸出两只紧握拳头的双手在身前，伸出拇指，指向相背	
臂架收回或小车向内运行	伸出两只紧握拳头的双手在身前，伸出拇指，指向相对	
载荷下降时臂架起升	水平地伸出一只手臂，并向上竖起拇指。向下伸出另一只手臂，离身体一段距离，连同前臂小幅地水平画圈	
载荷起升时臂架下降	水平地伸出一只手臂，并向下伸出拇指。另一只手臂举过头顶，握紧拳头并向上伸出食指，连同前臂小幅地水平画圈	

请大家演示表 2-4 中的各项指挥手势动作。

2. 指挥人员使用的旗语信号

指挥人员以指挥旗的旗头表示吊钩、臂杆和机械位移的运动方向（表 2-5）。

表 2-5　相关旗语信号

指挥指令	操作要点	图示
预备	单手持红绿旗上举	
要主钩	单手持红绿旗，旗头轻触头顶	
要副钩	一只手握拳，小臂向上不动，另一只手拢红绿旗，旗头轻触前只手的肘关节	
吊钩上升	绿旗上举，红旗自然放下	

指挥指令	操作要点	图示
吊钩下降	绿旗拢起下指，红旗自然放下	
吊钩微微上升	绿旗上举，红旗拢起横在绿旗上，互相垂直	
吊钩微微下降	绿旗拢起下指，红旗横在绿旗下，互相垂直	
升臂	红旗上举，绿旗自然放下	
降臂	红旗拢起下指，绿旗自然放下	

指挥指令	操作要点	图示
转臂	红旗拢起，水平指向应转臂的方向	
微微升臂	红旗上举，绿旗拢起横在红旗上，互相垂直	
微微降臂	红旗拢起下指，绿旗横在红旗下，互相垂直	
微微转臂	红旗拢起，横在腹前，指向应转臂的方向；绿旗拢起，竖在红旗前，互相垂直	
伸臂	两旗分别拢起，横在两侧，旗头外指	
缩臂	两旗分别拢起，横在胸前，旗头对指	

指挥指令	操作要点	图示
微动范围	两手分别拢旗，伸向一侧，其间距与负载所要移动的距离接近	
指示降落方位	单手拢绿旗，指向负载应降落的位置，旗头进行转动	
履带起重机回转	一只手拢旗，水平指向侧前方，另一只手持旗，水平重复挥动	
起重机前进	两旗分别拢起，向前上方伸出，旗头由前上方向后摆动	
起重机后退	两旗分别拢起，向前伸出，旗头由前方向下摆动	
停止	单旗左右摆动，另一面旗自然放下	

指挥指令	操作要点	图示
紧急停止	双手分别持旗，同时左右摆动	
工作结束	两旗拢起，在额前交叉	

在同时指挥臂杆和吊钩时，指挥人员必须分别用左手指挥臂杆，右手指挥吊钩。当持旗指挥时，一般左手持红旗指挥臂杆，右手持绿旗指挥吊钩。

 学中做

请大家用旗语演示伸臂、缩臂手势；升臂、降臂手势；转臂手势；起重机前进、后退手势。

3．音响信号

（1）指挥人员使用的音响信号。指挥人员使用的音响信号见表2-6。

表2-6 指挥人员使用的音响信号

指挥指令	操作要点	图例
预备、停止	一长声（哨声）	——
上升	二短声	●●
下降	三短声	●●●
微动	断续短声	●○●○●○
紧急停止	急促的长声	—— —— ——

注：音响符号："——"表示大于一秒钟的长声符号，"●"表示小于一秒钟的短声符号，"○"表示停顿的符号。

当两台或两台以上起重机同时在距离较近的工作区域内工作时，指挥人员使用音响信号的音调应有明显区别，并要配合手势或旗语指挥，严禁单独使用相同音调的音响指挥。

当两台或两台以上起重机同时在距离较近的工作区域内工作时，司机发出的音响应有明显区别。

（2）司机使用的音响信号。司机使用的音响信号见表2-7。

表2-7　司机使用的音响信号

指挥指令	操作要点	图例
明白——服从指挥	一短声	●
重复——请求重新发出信号	短声	●●
注意	长声	——

 学中做

请大家用哨子演示预备、停止；上升、下降；微动；紧急停止信号。

4．指挥人员使用的语言信号

指挥人员使用"起重吊运指挥语言"指挥时，应讲普通话。开始停止工作的语言信号见表2-8；吊钩移动的语言信号见表2-9；转台回转的语言信号见表2-10；臂架移动的语言信号见表2-11。

表2-8　开始、停止工作的语言信号

起重机的状态	指挥语言
开始工作	开始
停止和紧急停止	停
工作结束	结束

表2-9　吊钩移动的语言信号

吊钩的移动	指挥语言
正常上升	上升
微微上升	上升一点
正常下降	下降
微微下降	下降一点
正常向前	向前
微微向前	向前一点
正常向后	向后
微微向后	向后一点
正常向右	向右
微微向右	向右一点

吊钩的移动	指挥语言
正常向左	向左
微微向左	向左一点

表 2-10　转台回转的语言信号

转台的回转	指挥语言
正常右转	右转
微微右转	右转一点
正常左转	左转
微微左转	左转一点

表 2-11　臂架移动的语言信号

臂架的移动	指挥语言
正常伸长	伸长
微微伸长	伸长一点
正常缩回	缩回
微微缩回	缩回一点
正常升臂	升臂
微微升臂	升臂一点
正常降臂	降臂
微微降臂	降臂一点

5．信号的配合应用

（1）指挥人员使用音响信号与手势或旗语信号的配合。

1）在发出"上升"音响时，可分别与"吊钩上升""升臂""伸臂""抓取"手势或旗语相配合。

2）在发出"下降"音响时，可分别与"吊钩下降""降臂""缩臂""释放"手势或旗语相配合。

3）在发出"微动"音响时，可分别与"吊钩微微上升""吊钩微微下降""吊钩水平微微移动""微微升臂""微微降臂"手势或旗语相配合。

4）在发出"紧急停止"音响时，可与"紧急停止"手势或旗语相配合。

5）在发出的音响信号时，均可与上述未规定的手势或旗语相配合。

 学中做

请大家按照上述 1）、2）、3）、4）的规定进行演示练习。

（2）指挥人员与司机之间的配合。

1）指挥人员发出"预备"信号时，要目视司机，司机接到信号在开始工作前，应回答"明白"信号。当指挥人员听到回答信号后，方可进行指挥。

2）指挥人员在发出"要主钩""要副钩""微动范围"手势或旗语指挥时，要目视司机，同时可发出"预备"音响信号，司机接到信号后，要准确操作。

3）指挥人员在发出"工作结束"的手势或旗语指挥时，要目视司机，同时可发出"停止"音响信号，司机接到信号后，应回答"明白"信号，方可离开岗位。

4）指挥人员对起重机械要求微微移动时，可根据需要，重复给出信号。司机应按信号要求，缓慢平稳操纵设备。除此之外，如无特殊需求（如船用起重机专用手势信号），其他指挥信号，指挥人员都应一次性给出。司机在接到下一信号前，必须按原指挥信号要求操纵设备。

 学中做

请大家按照上述1）、2）、3）的规定进行演示练习。

任务实施

1. 训练步骤

教练示范、学员模仿。由教练指挥按训练任务指挥塔式起重机司机吊运重物，学员模仿学习站位、口令及注意事项。

2. 指挥步骤

（1）学员使用对讲机向塔式起重机司机发出"开始"指令，塔式起重机司机使用音响信号"明白"（一短声打铃）回应，随后学员发出"（吊钩）上升30公分"口令。

（2）学员发出"停"口令，需等待重物稳定后，方可进行下一步指挥。

（3）步骤（1）、（2）属于检测塔式起重机回转机构是否正常，确认回转机构是否平稳运行，此操作无须悬挂重物。

（4）步骤（3）属于试吊，指挥塔式起重机的学员应进行检查确认，确认塔式起重机起升机构是否正常、吊具与重物绑扎连接牢靠、吊起的重物平衡后，方可进行下一步指挥。

3. 实操练习

在教练组的指导和监护下，学员轮流按任务指挥起重机吊运重物。未进行实操作业的学员在旁边模仿练习或温习吊运指挥有关知识。

大家动起来：

请大家按照起重机将重物从地面吊起、回转、大臂变幅、下降放回原地的动作进行指挥指令训练。

重物吊运指挥见表2-12。

表 2-12 重物吊运指挥

任务	内容要求	岗位分工	分组名单	具体做法	遇到的问题及解决方案
准备工作	知识准备：学习指挥指令的表示方法；工具准备：准备指挥用的工具	1. 学生角色；2. 员工角色		角色进行分工，准备相关指挥工具	
重物从地面吊起	1. 用单一信号进行指挥；2. 综合信号指挥；3. 要求指挥信号指令正确	起重工司机		一个人指挥，一个人模拟司机进行陪练，一个人进行记录，看指挥的动作是否正确	
起重机回转	1. 用单一信号进行指挥；2. 综合信号指挥；3. 要求指挥信号指令正确	起重工司机		一个人指挥，一个人模拟司机进行陪练，一个人进行记录，看指挥的动作是否正确	
起重机大臂变幅	1. 用单一信号进行指挥；2. 综合信号指挥；3. 要求指挥信号指令正确	起重工司机		一个人指挥，一个人模拟司机进行陪练，一个人进行记录，看指挥的动作是否正确	
重物下降放到地面	1. 用单一信号进行指挥；2. 综合信号指挥；3. 要求指挥信号指令正确	起重工司机		一个人指挥，一个人模拟司机进行陪练，一个人进行记录，看指挥的动作是否正确	
质量、安全管理	1. 树立质量、安全意识；2. 能指出和更正操作存在的问题	每位同学		实训结束，记录人员对实操人员的质量、安全意识进行点评	

任务二　吊装预制水平构件

知识树

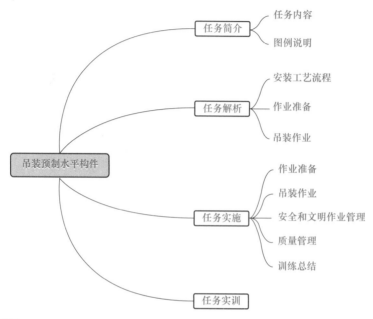

任务简介

（1）任务内容。吊装水平构件，预制水平构件包括：预制叠合板、预制叠合梁、预制阳台板、预制楼梯等。主要任务是用起重设备（起重机、塔式起重机或龙门式起重机）将预制水平构件从堆场吊运至安装位置。其核心任务包括作业准备、构件吊运和安装作业；延伸任务包括构件吊装前的检验。吊装完成后的质量检验，在完成核心任务和延伸任务过程中落实质量管理、安全管理和文明作业要求。

（2）图例说明（图 2-11～图 2-14）。

图 2-11　预制叠合板

图 2-12　预制叠合梁

图 2-13 预制阳台板

图 2-14 预制楼梯

 任务解析

一、安装工艺流程

安装工艺流程：预制构件底部支撑安装（楼梯除外）→预制构件吊装就位→预制构件位置校正→预制构件的整体连接。

预制阳台板工艺流程如图 2-15 所示。

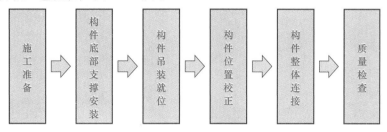
图 2-15 预制阳台板工艺流程

例1：预制叠合板吊装施工（图 2-16～图 2-18）。

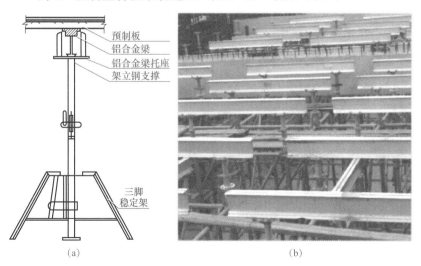

叠合板安装

图 2-16 叠合板支撑
（a）三脚架支撑（层高低于 3.5 mm 时可用）；（b）盘扣式支撑（层高较高时用）

x

图 2-17 装配式叠合板吊装

预制底层板
（兼作模板）

图 2-18 叠合板吊装

例 2：预制叠合梁吊装施工（图 2-19 ～图 2-21）。

叠合梁安装

图 2-19 吊装叠合梁 　　　　图 2-20 装配式叠合梁布置

图 2-21　装配式叠合梁吊装

例 3：预制阳台板吊装施工（图 2-22～图 2-24）。

图 2-22　装配阳台板吊运　　　　　　图 2-23　装配阳台板吊装就位

图 2-24　装配阳台板安装完成

阳台板安装

例4：预制楼梯吊装施工（图2-25）。

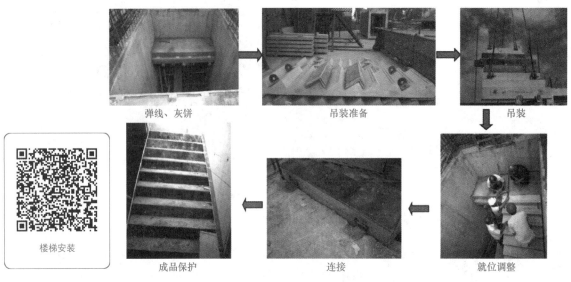

弹线、灰饼　　　　　　　吊装准备　　　　　　　吊装

楼梯安装

成品保护　　　　　　　连接　　　　　　　就位调整

图 2-25　装配楼梯全过程

二、作业准备

（1）人员准备。工程实际中作业团队一般包括8人，分别是：塔式起重机司机1名、楼面指挥员（通常兼班组长）1名、构件装配工4名、地面堆场（或运输车辆）处指挥员（地面指挥员）1名，构件装配工（地面）1名。其中，楼面4名构件装配工细分岗位为挂钩员1名、测量员1名、安装员2名。

根据实际情况，楼面也可安排4人。其中，楼面指挥员1名、测量员1名、挂钩员1名、安装员1名。

（2）图纸准备。通常，作业团队在接受施工人员组织的质量技术交底时，取得构件楼层平面布置图等图纸，由楼面指挥员负责保管。

（3）工器具准备。各岗位作业人员根据职责分工负责准备，相关岗位作业人员予以协助，工器具名称、数量、责任人见表2-13（注：工器具的选择及数量要根据工作任务来选择，表2-13只做参考）。

表 2-13　安装使用的各种工器具

序号	类型	名称	数量	规格型号	示意图	责任人	备注
1	安全防护用品	安全帽	以实际人数为准	/		全体人员	

序号	类型	名称	数量	规格型号	示意图	责任人	备注
2	安全防护用品	袖章	2个	常规		楼面指挥员 地面指挥员	
3		安全带	8条	安全带脱卸式双挂钩，且单条挂钩长度为2 m		全体人员	
4		反光衣	8件	符合国家施工现场劳保用品使用要求		全体人员	
5		手套	8副	符合国家施工现场劳保用品使用要求		全体人员	
6		警示带及支架	若干	符合国家要求		楼面指挥员 地面指挥员	
7	工具仪器	对讲机	3台	/		塔式起重机司机 楼面指挥员 地面指挥员	
8		平衡架	1套	/		挂钩员 装配工（地面）	根据施工现场实际情况配置
9		平衡梁	1套	根据预制构件实际情况进行选择		挂钩员 装配工（地面）	根据施工现场实际情况配置
10		吊索	4条	根据预制构件实际情况进行选择		挂钩员 装配工（地面）	

序号	类型	名称	数量	规格型号	示意图	责任人	备注
11	工具仪器	扳手	2 副	根据图纸选型		挂钩员 构件装配工	
12		万向旋转扣及专用扳手	4 个及 2 个	/		挂钩员 构件装配工（地面）	转移预制楼梯时，才需要
13		手拉葫芦	2 个	根据图纸选择		挂钩员	安装楼梯需要
14		卸扣	4 个	根据预制构件实际情况进行选择		挂钩员 装配工（地面）	
15		牵引绳	4 条	/		挂钩员 装配工（地面）	
16		镜子	2 个	/		安装员	安装竖向构件需要
17		爬梯	1 架	/		安装员	
18		吊锤	1 个	/		测量员	测量垂直度
19		撬棍	2 根	1.5 m、1.2 m 各 1 根		安装员	
20		锤子	2 个	6 磅或羊角锤		安装员	

序号	类型	名称	数量	规格型号	示意图	责任人	备注
21		钢筋扳手	1个	/	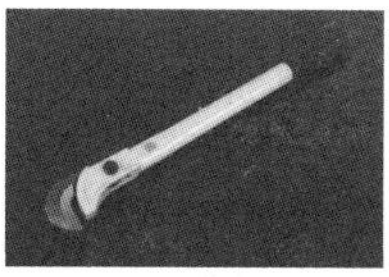	安装员	
22		手持式砂轮机	1台	/		安装员	根据施工现场实际情况配置
23		水平仪	1台	五线		测量员	复核架体实际标高
24		卷尺	1把	5 m		测量员	
25	工具仪器	墨斗	1个	/		测量员	
26		粉笔	若干	/		测量员	
27		笔	若干	/	 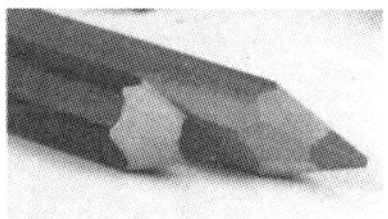	测量员	
28		A4纸	若干	/		测量员	

（4）起重设备准备。塔式起重机司机负责，地面指挥员和楼面指挥员配合，做好塔式起重机吊运前准备工作。

（5）构配件准备。安装员、构件装配工（地面）负责准备预制构件。安装员、构件装配工（地面）在准备预制构件时，要检查是否完成了构件进场检验工序，没有进行构件进场检验的，应当先进行构件进场检验，再进入本环节。对于进场检验合格后堆放在地面的预制构件，要针对堆放可能引起预制构件变形的项目进行复核。

（6）安装位置准备。

1）测量员和安装员负责检查预制构件支撑体系；确保安全可靠，无吊装障碍物，无灰浆残渣，垃圾碎块等建筑垃圾（安装员负责）；确保预制构件支承点标高符合要求（测量员负责）。

2）测量员负责在安装位置画出边线控制线（通常2条，尽可能在结构构件上画线，不能在结构构件上画线的，才在支撑体系上画线）。

3）注意清除吊运路径上的模板、外架等材料。同时，预制构件侧面预留钢筋与相邻构件预留钢筋发生碰撞的要进行处理。

（7）确定吊装路径。包括吊运预制构件路径（包括在构件堆放处起吊、空中运输、对准就位的路径及构件在空中的姿态）和作业人员站位、移动路径等，由楼面指挥员负责。

（8）作业环境准备。确保构件吊运过程中无障碍，设置安全作业区（原则上用警示带标识），由楼面指挥员负责，地面指挥员协助。

三、吊装作业

作业流程如图2-26所示。

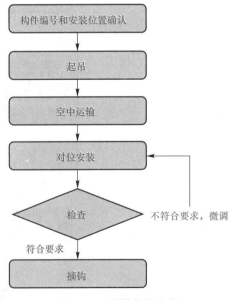

图2-26 吊装作业流程

1. 构件编号和安装位置确认

楼面指挥员和地面指挥员负责，对照图纸确认需要吊装的预制构件的编号、安装位置及方向等信息，避免张冠李戴。

2. 起吊

预制构件采用的吊点，通常可分为通过颜色识别和用图纸复核两种。一种设置在桁架筋的上弦与腹杆交汇点（图2-27）；另一种是预埋专用钢筋吊环（图2-28）。每块预制构件至少需要设2～4个吊点（图2-29）。

通常，在预制构件四个吊点上安装好卸扣和吊索，并套好两条牵引绳，将吊索挂在起重设备吊钩上（注意：吊索要处于吊钩中间），进行试吊（将预制构件吊离地面为200～300 mm时暂停，观察预制构件是否下坠、是否平衡、吊具连接是否牢靠；无以上问题，即为试吊成功）；未发现问题的，正式起吊。正式起吊时，注意扶住预制构件至其距离地面1 m左右时彻底松手，避免预制构件在空中旋转。

图2-27 上弦与腹杆交汇点

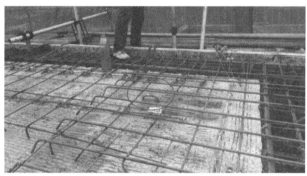
图2-28 专用钢筋吊环

图2-29 采用多点挂钩起吊

3. 空中运输

吊运预制构件高度超过外架后，方可较大幅度旋转塔式起重机（图2-30）。将预制构件吊运到安装位置正上方约1 m时暂停，人工扶住叠合板底边（图2-31）。

图2-30 预制叠合板底部超过外架

图2-31 安装工扶住预制叠合板

4．对位安装和检查

预制构件就位时，扶板作业正确姿势如图2-32所示，严禁扶在板的侧面和底部，避免预制构件挤压到手。

安装员根据构件安装方向标识扶住预制构件正对安装位置（可用肉眼观察，也可以借助吊锤，判断预制构件外轮廓线对准安装位置上的边线控制线），使用塔式起重机缓慢就位速度下落吊钩（图2-33）；当预制构件下落接触支撑体系刚好搁稳时，暂停下落吊钩，检测两个方向的边线控制偏差（相当于轴线位置偏差），确保符合《预制构件安装与连接检验批质量验收记录表》（表2-14）相应要求；如果边线控制偏差不符合要求，则用撬棍调整（图2-34）。

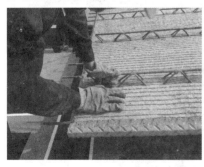

图2-32 预制构件吊装时正确的扶板手势　　图2-33 塔式起重机缓慢下落预制叠合板

表 2-14　预制构件安装与连接检验批质量验收记录表

工程名称			分部（子分部）工程名称			分项工程名称		
施工单位			项目负责人			检验批容量		
分包单位			分包单位项目负责人			检验批部位		
施工依据					验收依据			
检查项目				最小／实际抽样数量		检查记录		检查结果
主控项目	1	预制构件临时固定措施应符合施工方案的要求		全数检查				
	2	灌浆应饱满、密实		全数检查				
	3	钢筋采用焊接连接时，接头质量		按国家现行相关标准规定				
	4	钢筋采用机械连接时，接头质量		按国家现行相关标准规定				
	5	预制构件采用焊接、螺栓连接等连接方式时，材料性能		按国家现行相关标准规定				
	6	采用现浇混凝土连接构件时，构件连接处后浇带混凝土强度		按《混凝土结构工程施工质量验收规范》（GB 50204-2015）第 7、4、1 条规定				
	7	外观质量不应有严重缺陷，且不应影响结构性能和安装、使用功能的尺寸偏差		全数检查				
一般项目	1	外观质量不应有一般缺陷			全数检查			
	2	构件轴线	竖向构件（柱、墙板、桁架）	8 mm	按楼层、结构缝和施工段划分检验批。在同一检验批内，对梁、柱和独立基础，抽查构件数量的 10%，且不应少于 3 件；对墙和板，应按有代表性的自然间抽查 10%，且不应少于 3 间；对大空间结构，墙可按相邻轴线间高度 5 m 左右划分检查面，板可按纵横轴线划分检查面，抽查 10%，且不应少于 3 面			
			水平构件（梁、楼板）	5 mm				
	3	标高	梁、柱、墙板楼板底面或顶面	±5 mm				
	4	构件垂直度	柱、墙板安装后的高度	6 m	5 mm			
				>6 m	10 mm			

检查项目				最小/实际抽样数量	检查记录	检查结果
一般项目	5	构件倾斜度	梁、桁架	5 mm	按楼层、结构缝和施工段划分检验批。在同一检验批内，对梁、柱和独立基础，抽查构件数量的10%，且不应少于3件；对墙和板，应按有代表性的自然间抽查10%，且不应少于3间；对大空间结构，墙可按相邻轴线间高度5 m左右划分检查面，板可按纵横轴线划分检查面，抽查10%，且不应少于3面		
	6	相邻构件平整度	梁、楼板底面 外露	3 mm			
			梁、楼板底面 不外露	5 mm			
			柱、墙板 外露	5 mm			
			柱、墙板 不外露	8 mm			
	7	构件搁置长度	梁、板	±10 mm			
	8	支座、支垫中心位置	板、梁、柱、墙板、桁架	10 mm			
	9	墙板接缝宽度		±5 mm			

施工单位检查结果	专业工长： 项目专业质量检查员： 年　月　日

监理单位验收结论	专业监理工程师： 年　月　日

5. 摘钩

通常，安装员从吊点上拆下卸扣
（图 2-35、图 2-36），相应将卸扣安
装在吊索上，拆掉牵引绳并套在吊索
上，使吊索、卸扣和牵引绳等离开预制
构件（注意：防范吊具和牵引绳绊在预
制构件上或相互碰撞）；继续吊装下一
个预制构件，或将吊钩下落地面，然后
将吊索、卸扣和牵引绳收起来放好。

安装与连接施工质量验
收；装配式混凝土结构
分部工程施工质量验收

图 2-34　用撬棍微调预制叠合板

任务实施

一、训练任务

（1）训练组织。一个教学班组 5 名学员，4～5
个教学班组组成教学大组。在教练组（一名教练和
一名助理教练）负责一个教学大组进行操练。在
教练组的指导下，一个教学班组进行作业准备、
吊装作业、构件进场检验操练，其他教学班组观
摩、温习有关知识等；各个教学班组轮流操练。

（2）训练内容。在教练组指导下，一个教学
班组在实训场工位上通过使用龙门式起重机（或
塔式起重机）吊运装配叠合板构件；按照岗位分
工并轮换岗位（岗位包括指挥员、挂钩员、测量
员、安装员 A、安装员 B），反复训练，达到 15
分钟内完成一组装配任务。

图 2-35　安装员摘下吊钩

图 2-36　安全规范摘钩

二、作业准备训练

1. 人员准备训练

（1）岗位分工。对一个教学班组 5 名学员，细分岗位为指挥（兼班组长）1 名、挂钩
员 1 名、测量员 1 名、安装员 2 名（分别负责构件一侧），岗位职责见《构件装配班组
岗位分工表》。

（2）班前会议。在吊装作业训练前，进行班前会议，讲解吊装方案，明确岗位分工
和操作要领，强调安全隐患、防范措施及有关注意事项。

（3）注意事项。5 名学员都戴上岗位（指挥员、挂钩员、测量员、安装员 A、安装员
B）胸牌和背码，以强化学员角色感知。

2. 作业条件和方法准备训练

（1）按照岗位分工，确定吊装路径，进行构配件、工器具、安装位置、作业环境准

备；在指挥员的主持下，集体确认准备工作完成。达到 5 分钟全面完成准备工作的目标。

（2）基本知识训练。在吊装作业训练时，观摩的教学班组温习相关知识，教练在吊装作业训练过程中进行穿插讲解，以加深记忆。

3. 识图训练

以一个教学班组为单位，就本任务中的图例内容，学习识图基本知识、方法和要领，让教学班组集体学习掌握，同时指定教学班组一名学员作为识图任务负责人，保证班组内学员人人识图过关。

三、吊装作业训练

教学大组全体学员先看吊装作业视频，了解装配作业工艺流程，教练组做必要的讲解示范后，学员开始操练。教练组要反复强调团队协作要求：一切行动听指挥，测量员和挂钩员搭档，两个安装员搭档。

教练组要关注每个学员站位、移动路径和操作手法等，对不规范动作进行纠正，达到个人独立完成本岗位操作、团队高效协作的目标。

构件吊装人员操作要求如下：

（1）吊装前，应检查机械索具、夹具、吊环等是否符合要求，并应进行试吊。

（2）吊装时，必须有统一的指挥、统一的信号。

（3）使用撬棒等工具，用力要均匀，要慢，支点要稳固，防止撬滑发生事故。

（4）所吊 PC 构件在未校正、焊牢或固定之前，不准松绳脱钩。

（5）起吊 PC 墙板件时，不可中途长时间悬吊、停滞。

四、安全和文明作业管理训练

（1）在作业准备和吊装作业训练中，要强化指挥员的安全管理意识，要求其在指挥团队作业过程中，密切关注装配过程中的安全状态，做到"不安全不作业"，要眼观六路，耳听八方，不到万不得已，不帮助其他组员做具体事务。

（2）要求指挥员负责，组织本班组学员在观摩其他班组操练的同时学习本项目"任务解析"内容；教练组在吊装作业训练过程中进行穿插讲解。

（3）教练组要及时指出吊装作业过程中的安全问题，督促教学班组及学员落实"安全管理和文明作业要求"的有关内容。

（4）要不断强调职业素养训练中安全意识的核心要义"小心"（小心驶得万年船）。

安全管理和文明作业要求如下：

（1）接受安全技术交底，并予以遵循。

（2）遵循吊装作业安全管理一般要求，见《吊装安全管理一般要求》（表 2-15），具体如下：

1）应按照国家标准规定对吊装机具进行日检、月检、年检。对检查中发现问题的吊装机具，应进行检修处理，并保存检修档案。

2）吊装作业人员（指挥人员、起重工）应持有有效的《特种作业人员操作证》，方可从事吊装作业指挥和操作。

3）吊装质量大于等于40 t的重物和土建工程主体结构，应编制吊装作业方案。吊装物体虽不足40 t，但形状复杂、刚度小、长径比大、精密贵重，以及在作业条件特殊的情况下，也应编制吊装作业方案、施工安全措施和应急救援预案。

4）吊装作业方案、施工安全措施和应急救援预案经作业主管部门和相关管理部门审查，报主管安全负责人批准后方可实施。

5）利用两台或多台起重机械吊运同一重物时，升降、运行应保持同步；各台起重机械所承受的载荷不得超过各自额定起重能力的80%。

（3）在扶持叠合板就位时，要特别注意防范叠合板挤压手。

（4）使用工具的非准备责任人员，在使用完成后，应即刻交给负责准备工具的责任人员保管，防止工具遗失或高空坠落伤人。

（5）任务完成后，需将构配件、设备等复归原位，将安装位置清理干净，养成工完场清的习惯。

五、质量管理训练

（1）要求指挥员负责，组织本班组学员在观摩其他班组操练的同时学习"质量管理要求"内容；教练组在吊装作业训练过程中进行穿插讲解，直至学员熟练记忆。

（2）要求学员不断总结，力争将预制构件一次性准确就位，深入掌握微调技巧。

（3）正确熟练使用撬棍，避免损坏预制构件。

（4）要不断强调职业素养训练中质量意识的核心要义"标准意识"（质量就是符合标准要求）。

质量管理要求见本项目基础知识相关内容。

六、训练总结

每位学生在操作自己的岗位任务时，应协助其他同学完成任务，充分体现团队合作精神。一个教学大组的本项任务训练结束时，各个学员要分别就岗位、团队训练等方面谈感受、体会、存在的问题、改进的建议等。最后教练进行总结讲评。

> **@ 知识拓展**
>
> 安全技术交底的内容：
>
> 1. 应注意的安全事项；
> 2. 相应的安全操作规程和标准；
> 3. 本施工项目的施工作业点和危险点；
> 4. 针对危险点的具体预防措施；
> 5. 发生事故后应及时采取的避难和急救措施。

表 2-15　叠合板安装训练指导

任务	内容要求	岗位分工	分组名单	具体做法	遇到的问题及解决方案
作业准备	1. 人员准备； 2. 作业条件和方法准备； 3. 识图	1 名学员担任指挥（兼班组长）负责统筹； 1 名学员担任测量员负责测量及后期质量检测； 1 名学员担任挂钩员负责施工前的准备（包括构件检查、协助测量人员进行测量）； 2 名学员担任安装员负责施工场地准备、吊具准备		组长（指挥）主持班前会议：讲解吊装方案，明确岗位分工和操作要领，强调安全隐患、防范措施及有关注意事项。 其他各位学员按照分工，完成相关准备工作： 1. 全体学员识读安装图纸，熟悉安装内容； 2. 工器具准备由各岗位需要进行准备； 3. 构配件由安装员、构件装配工（地面）负责准备； 4. 安装位置由测量员和安装员负责检查预制构件支撑体系，确保安全可靠，无吊装障碍物，无灰浆残渣，垃圾碎块等建筑垃圾（安装员负责）。测量员负责预制构件支承点高符合要求（测量员负责）在安装位置画出边线控制线	
吊装作业	1. 安全技术交底； 2. 支撑体系搭设； 3. 核查构件； 4. 构件吊运； 5. 构件安装	工作岗位包括： 指挥员 挂钩员 测量员 安装员 A 安装员 B		1. 安全技术交底（指挥员完成）； 2. 支撑体系搭设（5 个人共同完成）； 3. 核查构件（吊钩员、安装员完成）； 4. 构件吊运（指挥员、挂钩员完成、其他人协助）； 5. 构件安装（安装员完成、测量员协助）	
质量管理	1. 树立质量意识； 2. 掌握正确操作方法，保证安装质量	全员		1. 注意操作不当可能导致的质量问题和防范措施； 2. 增强职业素养训练中质量意识的核心要义"标准意识"（质量就是是符合标准要求）	

任务	内容要求	岗位分工	分组名单	具体做法	遇到的问题及解决方案
安全管理	1. 树立安全意识； 2. 对操作存在的问题能指出和更正	全员		1. 正确佩戴安全防护设施； 2. 严格按照操作规程操作； 3. 保护好自己的同时，不伤害其他人	
文明施工	文明施工贯穿整个施工过程，工作完成后进行检查，看是否达到文明施工要求	全员		做到三清、五好、一保证。即现场清整、物料清楚、操作面清洁；职业道德好、工程质量好、操作面清洁好、安全生产好、完成任务好；保证设备的使用功能	
团队合作	成员密切合作，配合默契，共同决策和与他人协商	全员		相互监督、第三方评价	
总结					

预制梁安装

任务实训

（1）预制叠合梁安装见表 2-16。

表 2-16 预制叠合梁安装

任务	内容要求	岗位分工	分组名单	具体做法	遇到的问题及解决方案
作业准备					
吊装作业					
质量管理					

任务	内容要求	岗位分工	分组名单	具体做法	遇到的问题及解决方案
安全管理					
文明施工					
团队合作					
总结					

注：表内相关内容由学员根据实操情况自行完成。

（2）预制阳台安装见表 2-17。

阳台板与空调板安装

表 2-17 预制阳台安装

任务	内容要求	岗位分工	分组名单	具体做法	遇到的问题及解决方案
作业准备					
吊装作业					
质量管理					

任务	内容要求	岗位分工	分组名单	具体做法	遇到的问题及解决方案
安全管理					
文明施工					
团队合作					
总结					

注：表内相关内容由学员根据实操情况自行完成。

（3）预制楼梯安装见表 2-18。

楼梯施工

表 2-18　预制楼梯安装

任务	内容要求	岗位分工	分组名单	具体做法	遇到的问题及解决方案
作业准备					
吊装作业					
质量管理					

任务	内容要求	岗位分工	分组名单	具体做法	遇到的问题及解决方案
安全管理					
文明施工					
团队合作					
总结					

注：表内相关内容由学员根据实操情况自行完成。

任务三 吊装预制竖向构件

知识树

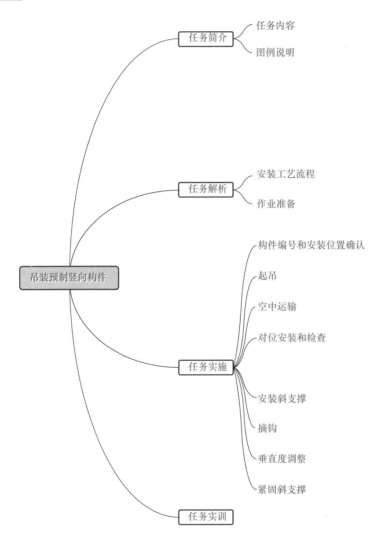

任务简介

吊装预制柱,熟悉的预制构件包括预制柱(图 2-37)、预制剪力墙板(图 2-38)、预制凸窗(图 2-39)等。主要任务是用起重设备(起重机、塔式起重机或龙门式起重机)将预制柱等构件从堆场吊运至安装位置,并且安装预制柱等构件。核心任务包括作业准备、构件吊运和安装作业;延伸任务包括构件吊装前的检验、吊装完成后的质量检验。在完成核心任务和延伸任务过程中落实质量管理、安全管理和文明作业要求。

图 2-37　预制柱

图 2-38　预制剪力墙

图 2-39　预制凸窗

任务解析

一、安装工艺流程

预制柱安装工艺流程：基层准备→测量放线→构件吊前检查→吊具安装→吊运及就位→校正固定→连接节点施工。

安装综合步骤如图 2-40 所示。

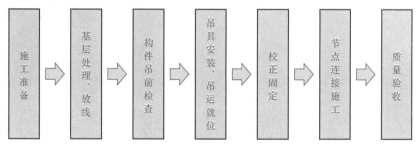

图 2-40　安装综合步骤

例 1：预制柱吊装施工（图 2-41～图 2-44）。

图 2-41　预制柱吊运

图 2-42　预制柱安装就位

预制柱的安装

图 2-43　预制柱安装完成　　　　图 2-44　斜支撑板固定安装

例 2：预制剪力墙吊装施工（图 2-45 ～ 图 2-47）。

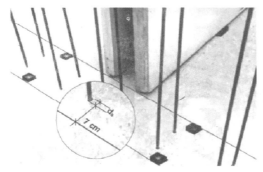

图 2-45　测量放线　　　　图 2-46　墙板吊运

图 2-47　墙板安装

预制剪力墙安装

例 3：外墙挂板安装施工。

外墙挂板安装

二、作业准备

（1）人员准备、图纸准备、工器具准备、起重设备准备基本同任务二、吊装预制水平构件相关内容。

（2）构配件准备。安装员、构件装配工（地面）负责准备预制构件、斜支撑（含两端支撑板、螺栓螺母等配套零部件）和垫片等构配件；由测量员负责在预制构件上画出 1 m 标高控制线。安装员、构件装配工（地面）在准备预制构件时，要检查是否完成了构件进场检验工序，没有进行构件进场检验的，应当先进行构件进场检验，再进入本环节。对于进场检验合格后堆放在地面的预制构件，要针对堆放可能引起预制构件变形的项目进行复核。

（3）安装位置准备。

1）确保安装位置结合面和斜支撑支撑点位置无障碍物、建筑垃圾等；确保斜支撑支撑点预埋螺栓螺杆满足安装要求（无预埋螺栓的，可以安装膨胀螺栓，如图 2-48 所示），并提前安装好斜支撑下端（图 2-49）。

2）确保安装位置、连接钢筋标高、位置、垂直度符合要求，画出边线控制线（通常为 2 条）；放置垫片，使垫片上表面齐平（图 2-50），确保预制构件安装好后 1 m 标高控制线的标高符合要求。

3）注意清除吊运路径上的模板、外架等材料。

（4）确定吊装路径。楼面指挥员负责确定吊运预制构件路径（包括在预制构件堆放处起吊、空中运输、对准就位的路径及预制构件在空中的姿态）和作业人员站位、移动路径等。

（5）作业环境准备。由楼面指挥员负责、地面指挥员协助，确保预制构件在吊运过程中无障碍，并设置安全作业区（原则上用警示带标识）。

图 2-48　斜支撑支撑点处安装膨胀螺栓

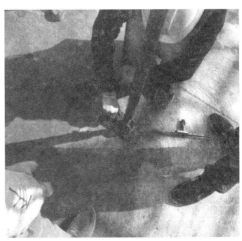

图 2-49　斜支撑下端安装

图 2-50　预制柱安装处放置垫片

任务实施

作业流程如图 2-51 所示。

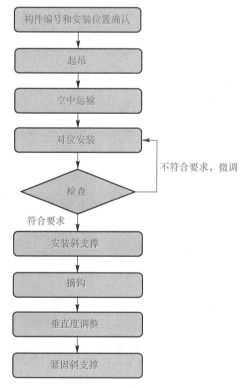

图 2-51　吊装作业流程

1. 构件编号和安装位置确认

楼面指挥员和地面指挥员负责，对照图纸确认需要吊装的预制构件的编号、安装位置及方向等信息，避免张冠李戴。

2. 起吊

原则上预制柱应堆放在空旷区域，但由于场地受限，往往集中堆放（图 2-52）；在吊装之前需要将预制柱移位出来、翻身（图 2-53），以便于起吊（图 2-54）。在两个吊点上安装好卸扣、吊索，在预制构件上套好两条牵引绳，将吊索挂在吊钩上（注意吊索要处于吊钩中间），进行试吊（将预制构件竖起吊离地面为 200～300 mm 时暂停，观察预制构件是否下坠、是否平衡、吊具连接是否牢靠；无以上问题，即为试吊成功）；未发现问题的，正式起吊。正式起吊时（翻身吊时不允许手扶），注意扶住预制柱至距离地面 1 m 左右时彻底松手，避免预制柱在空中旋转。

图 2-52　预制柱集中堆放

图 2-53　预制柱移位

图 2-54　预制柱吊装翻身

3. 空中运输

吊运预制柱底面高度超过外架后，方可大幅度旋转塔式起重机（图 2-55）。将预制柱吊运到安装位置正上方 1 m 左右时暂停，人工扶住预制柱（图 2-56）。

图 2-55　预制柱吊运

图 2-56　预制柱吊运

4．对位安装和检查

安装员负责将两面镜子分别放置在预制柱安装位置两角（用来观察钢筋有无对准套筒插入）。人工扶住预制构件正对安装位置（凭肉眼观察，也可以借助吊坠，判断预制构件外轮廓线对准安装位置结合面上的边线控制线），使用塔式起重机缓慢下落吊钩（图 2-57）；当预制构件下表面距离钢筋高度 200 mm 左右时，两名安装员扶住预制构件，继续下落吊钩，并用镜子观察，直至预留钢筋全部插入套筒（图 2-58）；当预制构件下落接触垫片刚好搁稳时，暂停下落吊钩，检测预制构件两个方向的边线控制偏差（相当于轴线位置偏差），检测 1 m 标高线标高偏差，确保符合《预制构件安装与连接检验批质量验收记录表》（表 2-14）相应要求。如果边线控制偏差不符合要求，用撬棍调整预制构件位置（图 2-59）；如果标高不符合要求，需将预制构件稍稍吊起（注意不要让钢筋脱离套筒），重新放置垫片（此环节需特别注意用两根木方搁置在预制构件下方适当位置，以防止预制构件下坠伤人），重新对位安装。

图 2-57　塔式起重机缓慢下落

图 2-58　用镜子观察预留钢筋是否插入套筒

5．安装斜支撑

安装员站在楼面或爬上爬梯找出预制构件斜支撑预埋件，用工具或其他可靠方法将预埋件的橡胶堵头拔出；将斜支撑板对准预埋件螺孔装上的螺栓并拧紧（图2-60）。拧紧斜支撑锁紧螺母，刚好稳固预制构件即可。

图2-59　预制柱位置调整　　　　　　　　图2-60　斜支撑板固定安装

6. 摘钩

挂钩员提出摘钩建议，搭设爬梯，测量员扶住爬梯，挂钩员爬上爬梯，从两个吊点上拆下卸扣（图2-61），将卸扣安装在吊索上，同时拆掉牵引绳并套在吊索上，起升塔式起重机吊钩，使吊索、卸扣和牵引绳等离开预制构件（注意防范吊具和牵引绳绊在预制构件上或相互碰撞）（图2-62）；继续吊装下一个预制构件，或将吊钩下落地面，然后将吊索、卸扣和牵引绳收起来放好。

图2-61　预制柱吊装卸扣拆卸　　　　　图2-62　卸扣和牵引绳拆卸后套在吊索上

7．垂直度调整

在楼面指挥员的统一指挥下，测量员用靠尺测量预制构件垂直度，如图2-63所示（要注意测量两个方向的垂直度），安装员用工具转动斜支撑调节杆（图2-64），通过调节斜支撑的长度来调整预制构件的垂直度，确保预制构件的垂直度符合要求（图2-65）。

图 2-63　预制柱垂直度测量

图 2-64　预制柱斜支撑调节

图 2-65　预制柱垂直度调整

8．紧固斜支撑

在预制构件垂直度符合要求后，紧固预制构件所有斜支撑上的锁紧螺母。

教练以预制柱安装为例，演示安装整个过程（一组学生协助完成，其他组观摩）。之后，教练指导学生进行安装。学生反复轮换操作，熟练为止。

预制柱安装训练指导见表2-19。

表2-19 预制柱安装训练指导

任务	内容要求	岗位分工	分组名单	具体做法	遇到的问题及解决方案
作业准备	1. 人员准备； 2. 作业条件和方法准备； 3. 识图	1名学员担任指挥（兼班组长）负责统筹； 1名学员担任测量员负责测量及后期质量检测； 1名学员担任挂钩员负责施工前的准备（包括构件检查、协助测量人员进行测量）； 2名学员担任安装员负责施工场地准备、吊具准备		组长（指挥）主持班前会议，讲解吊装方案，明确岗位分工和操作要领，强调安全隐患、防范措施及有关注意事项。其他各位学员按照分工，完成相关准备工作： 1. 工器具按照各自岗位需要进行准备； 2. 构配件由安装员、构件装配工（地面）负责准备； 3. 安装位置由测量员和安装员负责检查，确保安全可靠，无吊装障碍物，无灰浆残渣，垃圾碎块等建筑垃圾（安装员负责）；确保预制构件支承点标高符合要求（测量员负责）。测量员在安装位置画出边线控制线	
吊装作业	1. 安全技术交底； 2. 核查构件； 3. 构件吊运； 4. 构件安装； 5. 临时支撑安装； 6. 位置及垂直度调整	指挥员 挂钩员 测量员 安装员A 安装员B		1. 安全技术交底（指挥员完成）； 2. 核查构件（吊钩员、安装员完成）； 3. 构件吊运（指挥员、挂钩员完成；其他人协助）； 4. 构件安装（安装员完成、测量员协助）； 5. 临时支撑安装（安装员完成、测量员协助）； 6. 位置及垂直度调整（安装员完成、测量员助）	

续表

任务	内容要求	岗位分工	分组名单	具体做法	遇到的问题及解决方案
质量管理	1. 树立质量意识； 2. 掌握正确操作方法，保证安装质量	全员		1. 注意操作不当可能导致的质量问题和防范措施。 2. 增强职业素养训练中质量意识的核心要义"标准意识"（质量就是符合标准要求）	
安全管理	1. 树立安全意识； 2. 能指出和更正操作存在的问题	全员		1. 正确佩戴安全防护设施； 2. 严格按照操作规程操作； 3. 保护好自己的同时，不伤害其他人	
文明施工	文明施工贯穿整个施工过程，工作完成后进行检查，看是否达到文明施工要求	全员		做到三清、五好、一保证。即现场清整、物料清楚、操作面清洁；职业道德好、工程质量好、降低消耗好、安全生产好；完成任务好；保证设备的使用功能	
团队合作	成员密切合作，配合默契，共同决策和与他人协商	全员		相互监督、第三方评价	
总结					

88

（1）吊装预制剪力墙板见表 2-20。

表 2-20　吊装预制剪力墙板

任务	内容要求	岗位分工	分组名单	具体做法	遇到的问题及解决方案
作业准备					
吊装作业					
质量管理					

任务	内容要求	岗位分工	分组名单	具体做法	遇到的问题及解决方案
安全管理					
文明施工					
团队合作					
总结					

注：表内相关内容由学员根据实操情况自行完成。

（2）吊装预制凸窗见表 2-21。

表 2-21　吊装预制凸窗

任务	内容要求	岗位分工	分组名单	具体做法	遇到的问题及解决方案
作业准备					
吊装作业					
质量管理					

任务	内容要求	岗位分工	分组名单	具体做法	遇到的问题及解决方案
安全管理					
文明施工					
团队合作					
总结					

注：表内相关内容由学员根据实操情况自行完成。

赵州桥

因河北赵县古称赵州，故又名赵州桥（图2-66）。赵州桥建于公元605年左右，由工匠李春等建成，是一座全长为50.82 m，净跨度长达37.37 m的单孔桥，是当时中外跨度最长的石拱桥。此桥在技术上最突出的特点是在单一的大桥拱两端的上方再各做两个小桥拱。这样节省了修桥的材料，减轻桥身的质量和桥基的压力；水涨时，还可以增大排水面积，减少水流推力，延长桥的寿命，是具有高度科学水平的技术与智慧的创造。

赵州桥是世界上最早的石拱桥，堪称世界工程史一绝。在西方古代造桥史上，圆弧拱桥都被看作伟大的杰作。而中国的杰出工匠李春，在1400多年前修筑了技艺更加超群的拱桥，至今屹立千年不倒。

赵州桥让世界为之惊叹，它是我国古代劳动人民智慧和工匠精神的结晶。直到现在，人们都还在广为传颂。而实现这一切靠的正是李春的"大胆设想"和对设计的革新创造。

赵州桥的另一特色是造型美观大方，雄伟中显出秀逸、轻盈、匀称。桥面两侧石栏杆上那些"若飞若动""龙兽之状"的雕刻，令人赞叹，体现了隋代建筑艺术的独特风格，在世界桥梁史上占有十分重要的地位。

李春（图2-67）用他的聪明智慧在我国建筑史上写下了光辉的一页。据考证，赵州桥经历了10次水灾、8次战乱和多次地震，特别是1966年3月8日邢台发生的6.8级地震，赵州桥距离震中只有40多千米，也丝毫没有损坏。

图2-66　赵州桥

图2-67　李春

项目三　构件灌浆施工

基础知识

知识树

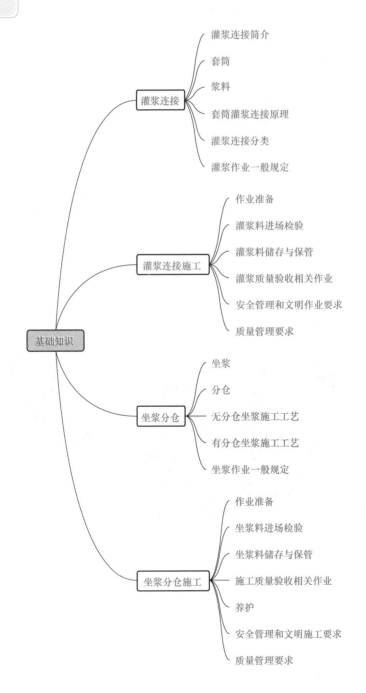

基础知识

- 灌浆连接
  - 灌浆连接简介
  - 套筒
  - 浆料
  - 套筒灌浆连接原理
  - 灌浆连接分类
  - 灌浆作业一般规定

- 灌浆连接施工
  - 作业准备
  - 灌浆料进场检验
  - 灌浆料储存与保管
  - 灌浆质量验收相关作业
  - 安全管理和文明作业要求
  - 质量管理要求

- 坐浆分仓
  - 坐浆
  - 分仓
  - 无分仓坐浆施工工艺
  - 有分仓坐浆施工工艺
  - 坐浆作业一般规定

- 坐浆分仓施工
  - 作业准备
  - 坐浆料进场检验
  - 坐浆料储存与保管
  - 施工质量验收相关作业
  - 养护
  - 安全管理和文明施工要求
  - 质量管理要求

一、灌浆连接

（一）灌浆连接简介

预制剪力墙和预制柱等预制构件装配完成后，经过坐浆，通过预制构件灌浆口灌入浆料，浆料充满封闭空间，从预制构件出浆口涌出，浆料凝固且微膨胀将预制构件与安装位置混凝土（含钢筋、套筒、波纹管等）连接成整体，称之为灌浆连接，如图3-1、图3-2所示。其中，钢筋套筒灌浆连接可分为全灌浆套筒连接和半灌浆套筒连接。钢筋套筒灌浆连接技术在美国和日本已经有近40年的应用历史，是一项成熟的技术。

套筒灌浆

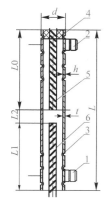

说明：
1—灌浆孔
2—排浆孔
3—凸起(剪力槽)
4—橡胶塞
5—预制端钢筋
6—现场装配端钢筋

尺寸：
L—灌浆套筒总长
L0—预制端锚固长度
L1—现场装配端锚固长度
L2—现场装配端预留钢筋调整长度
d—灌浆套筒外径
t—灌浆套筒壁厚
h—凸起高度

图3-1　灌浆连接示意

图3-2　现场灌浆作业

（二）套筒

1. 全灌浆套筒连接

两端均采用灌浆方式与钢筋连接，如图3-3、图3-4所示。

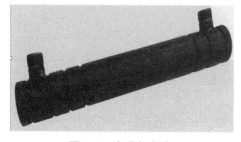

图3-3　全灌浆套筒

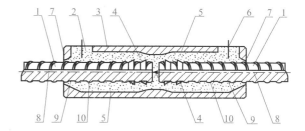

图3-4　全灌浆套筒连接剖面图

1—带肋钢筋；2—出浆口；3—套筒壁；4—钢筋肋；5—灌浆料；
6—注浆口；7—套筒口；8—套筒轴线；9—钢筋凹面；10—钢筋凸面

2．半灌浆套筒连接

一端采用灌浆方式与钢筋连接，另一端采用非灌浆方式与钢筋连接（通常采用螺纹连接），如图 3-5 ～图 3-7 所示。

图 3-5　半灌浆套筒

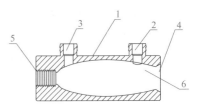

图 3-6　半灌浆套筒剖面图

1—套筒壁；2—注浆口；3—出浆口；
4—套筒口；5—螺纹孔；6—套筒内腔

图 3-7　半灌浆套筒连接实物剖面

灌浆套筒

灌浆料检测

（三）浆料

钢筋套筒灌浆连接所用灌浆料是以水泥为基本原料，配以适当的细集料、混凝土外加剂和其他材料组成的干混料，加水搅拌后具有良好的流动性、早强、高强、微膨胀等特性，填充于套筒与带肋钢筋间隙内。套筒灌浆料的性能应符合表 3-1 的规定。

表 3-1　套筒灌浆料的技术性能

检测项目		性能指标
流动度 /mm	初始值	≥ 300
	30 min 保留值	≥ 260
抗压强度 /MPa	1 d	≥ 35
	3 d	≥ 60
	28 d	≥ 85
竖向膨胀率 /%	3 h	≥ 0.02
	24 h 与 3 h 的膨胀率之差	0.02 ～ 0.5
氯离子含量 /%		≤ 0.03
泌水率 /%		0

钢筋浆锚搭接接头的灌浆料应具有高强、早强、无收缩和微膨胀等基本特性，以使其能与被连接钢筋更有效地结合在一起共同工作，同时满足装配式结构快速施工的要求。钢筋浆锚搭接接头应采用水泥基灌浆料。灌浆料的性能应符合表 3-2 的规定。

表 3-2　钢筋浆锚搭接接头灌浆料性能要求

检测项目		性能指标
流动度 /mm	初始值	≥ 200
	30 min 保留值	≥ 150
抗压强度 /MPa	1 d	≥ 35
	3 d	≥ 55
	28 d	≥ 80
竖向膨胀率 /%	3 h	≥ 0.02
	24 h 与 3 h 的膨胀率之差	0.02 ～ 0.5
氯离子含量 /%		≤ 0.06
泌水率 /%		0

（四）套筒灌浆连接原理

将浆料从套筒灌浆口注入，直至从另一个出浆口涌出，在套筒和钢筋之间的空隙内充满、凝固且微膨胀后，使得钢筋与套筒成为整体，即形成钢筋套筒接头。钢筋套筒接头能够承受两端拉力，从而实现钢筋连接的效果。

钢筋套筒灌浆
连接技术

（五）灌浆连接分类

灌浆连接包括预制构件钢筋套筒灌浆连接和预制构件钢筋浆锚搭接连接。

（1）预制构件钢筋套筒灌浆连接。在预制构件灌浆连接中，采用钢筋套筒灌浆连接来连接预制构件和安装位置钢筋的，称之为预制构件钢筋套筒灌浆连接。

钢筋浆锚搭接
连接技术

（2）预制构件钢筋浆锚搭接连接。预制构件钢筋浆锚搭接连接包括约束钢筋浆锚搭接连接（图 3-8）和波纹管浆锚搭接连接（图 3-9）。

图 3-8　约束钢筋浆锚搭接连接　　　　图 3-9　波纹管浆锚搭接连接

（六）灌浆作业一般规定

钢筋套筒灌浆连接接头、钢筋浆锚搭接连接接头应按检验批划分要求及时灌浆，灌浆作业应符合现行国家有关标准及施工方案的要求，并应符合下列规定：

（1）灌浆施工时，环境温度不应低于5 ℃；当连接部位养护温度低于10 ℃时，应采取加热保温措施。

（2）灌浆操作全过程应有专职检验人员负责旁站监督并及时形成施工质量检查记录。

（3）应按产品使用说明书的要求计量灌浆料和水的用量，并搅拌均匀；每次拌制的灌浆料拌合物应进行流动度的检测，且其流动度应满足现行有关国家规范的规定。

（4）灌浆作业应采用压浆法从下口灌注。当浆料从上口流出后应及时封堵，必要时可设分仓进行灌浆。

（5）灌浆料拌合物应在制备后内30 min用完。

灌浆作业应符合哪些规定呢?

灌浆施工注意温度;操作过程专人监督;制作浆料测流动度;下口灌注上口封堵;浆料应半小时用完。

关键技术点拨

（1）钢筋套筒灌浆连接可分为全灌浆套筒连接和半灌浆套筒连接。

（2）两端均采用灌浆方式与钢筋连接的为全灌浆套筒连接。一端采用灌浆方式与钢筋连接，而另一端采用非灌浆方式与钢筋连接，为半灌浆套筒连接。

（3）灌浆料具有良好的流动性，早强、高强、微膨胀等特性。

（4）灌浆连接包括套筒灌浆连接和浆锚搭接连接。

学中做

1. 灌浆料是以_____为基本原料，配以适当的_____、_____和其他材料组成的干混料。

2. 套筒灌浆料的初始流动度不能低于_____ mm。1 d后的抗压强度不能低于_____ MPa。

3. 灌浆施工时，环境温度不应低于_____ ℃。

4. 灌浆料拌合物应在制备后_____ min内用完。

二、灌浆连接施工

（一）作业准备

（1）人员准备。作业团队一般包括5人，岗位设置为灌浆员1名（通常兼班组长）、备料员2名、封堵员2名（另外质量员1名，负责现场监督，做好灌浆作业全过程影像记录）。

灌浆套筒连接

（2）明确作业任务。作业团队（通常由班组长代表）接受施工员的作业任务和质量安全技术交底，并按岗位细化工作职责和要求。

（3）灌浆工位准备。检查预制柱灌浆腔，确保坐浆质量、坐浆养护时间符合要求。

（4）工器具准备。各岗位作业人员根据职责分工负责准备，相关岗位作业人员予以协助，工器具名称、数量、责任人见表3-3。

表3-3 工器具表

序号	类型	名称	数量	规格型号	示意图	责任人	备注
1	安全防护用品	安全帽	以实际人数为准	/		全体人员	
2	灌浆工具	灌浆机(套)	2台（一用一备）	灌浆机性能要求：匀速、匀压，灌浆压力不低于1 MPa；连接灌浆枪的高压管长度3 m左右		灌浆员	
3		手动灌浆枪	2	无		灌浆员	
4		胶塞	500	灌浆套筒厂家配套		封堵员	
5		锤子	1个			封堵员	用来锤紧胶塞

序号	类型	名称	数量	规格型号	示意图	责任人	备注
6	灌浆料拌合物制作	专用搅拌机	2	功率：1 200 ～ 1 400 W 转速：0 ～ 800 rpm （注：转速可调）		备料员	
7		电子秤	1	称重 30 ～ 50 kg，误差：0.01 kg		备料员	
8		量杯	2	2 L、5 L 带刻度		备料员	
9		不锈钢制浆桶	3	直径 300 mm、高度 400 mm、平底		备料员	
10		蓄水桶	1	50 L		备料员	

序号	类型	名称	数量	规格型号	示意图	责任人	备注
11	检测工具	圆截锥试模	1	70 mm×100 mm×100 mm		备料员	
12		钢化玻璃板	1	6 mm×500 mm×500 mm		备料员	
13		抗压强度检测试件模	3	40 mm×40 mm×160 mm		备料员	
14		卷尺	1	5 m		备料员	
15	其他工具	灰刀	2把	无		备料员	
16		抹布	5条	无		备料员	

序号	类型	名称	数量	规格型号	示意图	责任人	备注
17		数码相机	1 台	带摄像功能		质量员	
18		铁钩	2 个	小于出浆孔		封堵员	
19	其他工具	快速堵漏灵	1 包	不少于 2 kg		封堵员	
20		套筒抗拉强度试验架	1 套	无		封堵员	进行灌浆套筒连接接头拉拔试验时使用
21		钢筋、套筒	若干				
22		记录表				备料员	

序号	类型	名称	数量	规格型号	示意图	责任人	备注
23	其他工具	笔	若干	/		备料员	

（5）材料准备。准备灌浆料和水。备料员在准备材料时，要确定使用批次的灌浆料已检验合格。没有进行灌浆料进场检验工序的，应当先进行灌浆料进场检验，再进入本环节。

（6）作业环境准备。确保环境温度符合灌浆料产品使用说明书要求（环境温度低于5 ℃时不得施工，环境温度低于10 ℃时应采取保温加热措施；环境温度高于35 ℃时，应采取降低灌浆料拌合物温度的措施）。排除影响灌浆操作的障碍物。

（二）灌浆料进场检验

查验和收存型式检验报告、使用说明书、出厂检验报告（或产品合格证）等，制作灌浆料拌合物试件进行强度检测，制作钢筋套筒连接接头进行拉拔试验。全部符合要求的，进场检验合格。

（三）灌浆料储存与保管

灌浆料的储存应设置专用仓库保管，尽量做到恒温、恒湿，灌浆料进场后应在一个月内使用完毕，超过两个月的不得使用。

（四）灌浆质量验收相关作业

1. 制作灌浆料拌合物试件

根据《钢筋套筒灌浆连接应用技术规程》（JGJ 355—2015）规定，在施工现场以每层为一检验批；每工作班应制作不少于 3 组 40 mm×40 mm×160 mm 的长方体试件（图 3-10），分别养护 1 d、3 d、28 d 后进行抗压强度试验；性能指标分别不低于35 MPa、60 MPa、85 MPa。

图 3-10 灌浆料拌合物强度试件留置图

试块养护

2．制作钢筋套筒连接接头试件

对于一类钢筋套筒连接接头（即同一规格钢筋、同一规格套筒），每 500 个为一个检验批，制作不少于 3 个套筒灌浆连接接头进行拉拔试验。制作方法如下：

（1）接头试件的钢筋应插入灌浆套筒中心，并应与灌浆套筒轴线重合或平行。

（2）接头试件的钢筋在灌浆套筒插入深度应为灌浆套筒的设计锚固深度，一般不宜小于插入钢筋公称直径的 8 倍。

（3）接头试件按照《钢筋套筒灌浆连接应用技术规程》的规定进行灌浆作业。

（4）采用灌浆料拌合物制作 40 mm×40 mm×160 mm 的标准养护试件不应少于 1 组，并宜留设不少于 2 组。

（5）接头试件及灌浆料试件应在标准养护条件下养护。

（6）接头试件在试验前不应进行预拉。

（五）安全管理和文明作业要求

（1）在开动灌浆机灌浆时，避免灌浆枪对着人的眼睛，防止造成眼睛伤害。

（2）任务完成后，材料、设备、工器具等复归原位，清洗干净，工完场清。

（六）质量管理要求

（1）灌浆料拌合物拌制和灌浆的环境温度不宜低于 10 ℃，不宜高于 35 ℃。

（2）每次制作灌浆料拌合物完成后应及时使用，拌制完成 30 min 后不得用作灌浆，也不得添加灌浆料、水后再次使用。

（3）灌浆料拌合物制作完成后，任何情况下不得加水。

（4）不得同时从两个孔口向灌浆腔内灌浆。

（5）对灌浆料拌合物制作、流动度检验、灌浆、试件制作等全过程进行视频拍摄，并填写《灌浆施工记录表》。

（6）灌浆后灌浆料拌合物试块强度达到 35 MPa 后，方可进行扰动预制剪力墙的后续施工。

钢筋拉拔试验

（1）灌浆料的储存应设置专用仓库保管，尽量做到恒温恒湿。

（2）每工作班应制作不少于 3 组 40 mm×40 mm×160 mm 的长方体试件，分别养护 1 d、3 d、28 d 后进行抗压强度试验；性能指标分别不低于 35 MPa、60 MPa、85 MPa。

（3）对于一类钢筋套筒连接接头（即同一规格钢筋、同一规格套筒），每 500 个为一个检验批，制作不少于 3 个套筒灌浆连接接头进行拉拔试验。

（4）灌浆料拌合物制作完成后，任何情况下不得加水。

 学中做 •─────

1. 环境温度高于_____ ℃时，应采取降低灌浆料拌合物温度的措施。

2. 灌浆料进场后应在_____个月内使用完毕，超过_____个月的不得使用。

3. 接头试件的钢筋在灌浆套筒插入深度应为灌浆套筒的_____深度，一般不宜小于插入钢筋公称直径的_____倍。

4. 采用灌浆料拌合物制作_____ mm×_____ mm×_____ mm 的标准养护试件。

5. 灌浆后灌浆料拌合物试块强度达到_____ MPa 后，方可进行扰动预制剪力墙的后续施工。

三、坐浆分仓

（一）坐浆

预制剪力墙和预制柱等竖向预制构件装配完成后，在其下表面与安装位置结合面之间形成空间（缝隙）。用浆料制作外围护带封闭该空间外，称之为坐浆。坐浆所用浆料与灌浆所用浆料原材料基本相同，均是水泥、细骨料和水，但在外加剂、掺合料及配合比等方面还是有所不同，如图 3-11 所示。

图 3-11　坐浆

（二）分仓

预制剪力墙等预制构件装配完成后，其下表面与安装位置结合面之间形成的空间较长，除制作外围护带封闭该空间外，还要在中间用浆料制作分隔带，将封闭的空间在长的方向上分成几段。用浆料制作分隔带，称之为分仓。在工艺操作上，一般先制作分隔带，再制作围护带，如图 3-12 所示。

套筒灌浆分仓法施工

图 3-12　分仓现场工程图

（三）无分仓坐浆施工工艺

1. 无分仓坐浆法施工工艺流程

无分仓坐浆法施工工艺流程，如图 3-13 所示。

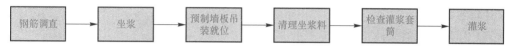

图 3-13　无分仓坐浆法施工工艺流程

2. 无分仓坐浆法施工要点

（1）坐浆料应进行配合比设计，确保坐浆料相关性能满足设计要求。

（2）施工时，将坐浆料找平至设计标高，同时用 PVC 管套住连接钢筋，防止构件落位时将灌浆料挤压进灌浆套筒内，堵塞灌浆孔。

（3）清理坐浆料施工时，为了确保清理时不会堵塞灌浆孔，需用专用钢板抹子清理多余的浆料；同时，套筒灌浆前应检查套筒，防止坐浆料堵塞套筒。

（4）在灌浆施工中，用手动灌浆机从接头下方的灌浆孔处向套筒内进行压力灌浆，单个套筒逐一灌浆；灌浆施工时要及时灌浆，正常灌浆料要在加水搅拌开始后 20～30 min 内灌完。

（四）有分仓坐浆施工工艺

1. 有分仓坐浆法施工工艺流程

有分仓坐浆法施工工艺流程，如图3-14所示。

图3-14 有分仓坐浆法施工工艺流程

2. 有分仓坐浆法施工要点

（1）分仓应在吊装前进行，相隔时间不宜大于15 min。

（2）建议每隔1 m分一个仓，根据现场或工艺的实际情况可适当延长。

（3）竖向钢筋与分仓隔墙的距离需≥40 mm。

（4）分仓隔墙用封堵材料分隔，确保不渗漏。

（5）分仓后应在构件相应位置做出分仓标记，记录分仓时间，以便于指导灌浆施工。

（6）构件接缝处应采用专用封缝料封堵，使用专用封缝料时要严格按照说明书，要求加水搅拌均匀。

（7）套筒灌浆前应检查预留灌浆孔是否被杂物堵塞，如有需要必须及时清理；同时，用鼓风机注入空气，检查灌浆孔是否畅通。

（8）灌浆施工时，用灌浆泵从接头下方的灌浆孔处向套筒内进行压力灌浆。

（9）灌浆施工时，应按浆料排出先后依次封堵，灌满后立即停止灌浆，如有漏浆须立即补灌。

（五）坐浆作业一般规定

（1）坐浆料在施工时，应按照产品要求的用水量拌合，不得通过增加用水量来提高流动性。

（2）坐浆作业前，应编制施工组织设计或施工技术方案，并对相关作业人员进行技术交底。

（3）坐浆施工前，应准备好相应材料设备，如搅拌机具、灌浆设备、封堵模板及养护用品等。

（4）坐浆料拌合地点宜靠近施工作业地点，坐浆料应随拌随用。

（5）坐浆的厚度严格按照设计图纸说明，如设计无说明一般为20 mm。

（1）施工时，应用 PVC 管套住连接钢筋，防止构件落位时将灌浆料挤压进灌浆套筒内，堵塞灌浆孔。

（2）灌浆施工时要及时灌浆，正常灌浆料要在加水搅拌开始后 20～30 min 内灌完。

（3）灌浆施工时，应按浆料排出先后依次封堵，灌满后立即停止灌浆，如有漏浆须立即补灌。

（4）坐浆料在施工时，应按照产品要求的用水量拌合，不得通过增加用水量来提高流动性。

学中做

1. 分仓应在吊装前进行，相隔时间不宜大于_____ min。

2. 建议每隔_____ m 分一个仓，根据现场或工艺的实际情况可适当延长。

3. 竖向钢筋与分仓隔墙的距离需≥_____ mm。

4. 坐浆的厚度严格按照设计图纸说明，如设计无说明一般为_____ mm。

四、坐浆分仓施工

（一）作业准备

（1）人员准备：坐浆员 2 名。

（2）图纸准备。通常，作业团队在接受施工员组织的质量技术交底时，取得坐浆施工图等图纸，由其中 1 人保管。

（3）工器具准备。工器具见表 3-4。

表 3-4　工器具表

序号	名称	数量	规格型号	示意图	备注
1	安全帽	以实际人数为准	/		
2	高压风枪	2 把	无		
3	压缩风机	1 台	无		
4	PVC 线管	若干	刚好塞进安装位置和预制剪力墙缝隙，一般直径为 20 mm		若干条长的，长度保证超过分仓长度 150 mm，3 条短的，超过预制剪力墙厚度 300 mm
5	木方	3 根	截面为正方形，刚好塞进安装位置和预制剪力墙缝隙，一般边长为 20 mm		长度超过预制剪力墙厚度 300 mm

序号	名称	数量	规格型号	示意图	备注
6	灰刀	2把	/		
7	灰桶水桶	2个	/	 桶高18 cm　　小号	
8	抹子	2把	长240 mm，宽100 mm		
9	专用搅拌机	2个	功率：1 200～1 400 W 转速：0～800 rpm（注：转速可调）		
10	不锈钢制浆桶	3个	直径300 mm、高度400 mm、平底		
11	抗压强度检测试件模	3套	40 mm×40 mm×160 mm		

序号	名称	数量	规格型号	示意图	备注
12	记录表	若干	/		
13	笔	若干	/		

（4）材料准备。准备坐浆料和水。在准备材料时，要确定使用批次的坐浆料已检验合格，没有进行坐浆料进场检验工序的，应当先进行坐浆料进场检验，再进入本环节。

（5）作业环境准备。

1）清理预制构件安装位置结合面杂物、灰尘，并提前浇水湿润，不得有积水和油污。如有明水，采用高压气枪吹走明水。

2）确保环境温度符合坐浆料产品使用说明书要求，不宜低于 10 ℃。

坐浆分仓作业的环境应符合哪些要求？

清理杂物打扫灰尘；浇水湿润明水吹走；环境温度高于10 ℃。

（二）坐浆料进场检验

（1）查验使用说明书、出厂检验报告和产品合格证等出厂质量证明材料。

（2）确认坐浆强度比预制构件混凝土强度至少高一等级，达到坐浆强度时间不超过12 h。

（3）制作坐浆料拌合物试件（一般在坐浆料投入使用前3～5 d制作）。

以上内容全部合格的，方可使用坐浆料。

（三）坐浆料储存与保管

坐浆料的储存应设置专用仓库保管，尽量做到恒温恒湿，坐浆料进场后应在一个月内使用完毕，超过两个月的不得使用。

（四）施工质量验收相关作业

制作坐浆料拌合物试件。

（五）养护

围护带制作完成，在坐浆料拌合物终凝之前进行洒水湿润养护，养护时间不少于12 h，养护期间注意成品保护，避免损坏围护带。

（六）安全管理和文明施工要求

（1）在清理预制构件安装位置结合面杂物、灰尘，特别是浇水湿润或采用高压气枪吹走明水时，注意文明施工。

（2）任务完成后，材料、设备、工器具等复归原位，清理干净，工完场清。

（七）质量管理要求

（1）坐浆作业的环境温度不宜低于 10 ℃，不宜高于 35 ℃。

（2）坐浆料拌合物应在产品说明书规定的时间内使用完，超出规定时间不得添加坐浆料和水后再次使用。

（3）坐浆完成后应填写《坐浆封仓施工记录表》。

关键技术点拨

（1）坐浆强度应比预制构件混凝土强度至少高一等级，达到坐浆强度时间不超过 12 h。

（2）坐浆料拌合物应在产品说明书规定的时间内用完，超出规定时间不得添加坐浆料和水后再次使用。

学中做

1．确保环境温度符合坐浆料产品使用说明书要求，不宜低于_____ ℃。

2．坐浆料进场后应在_____个月内使用完毕，超过_____个月的不得使用。

3．围护带制作完成，在坐浆料拌合物终凝之前进行洒水湿润养护，养护时间不少于_____h。

任务一 预制构件灌浆

知识树

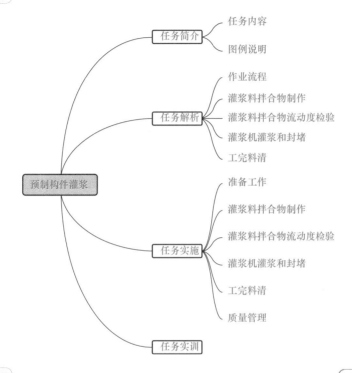

预制构件灌浆
- 任务简介
  - 任务内容
  - 图例说明
- 任务解析
  - 作业流程
  - 灌浆料拌合物制作
  - 灌浆料拌合物流动度检验
  - 灌浆机灌浆和封堵
  - 工完料清
- 任务实施
  - 准备工作
  - 灌浆料拌合物制作
  - 灌浆料拌合物流动度检验
  - 灌浆机灌浆和封堵
  - 工完料清
  - 质量管理
- 任务实训

任务简介

（1）任务内容。核心任务包括作业准备和灌浆作业；延伸任务包括灌浆质量验收相关作业、灌浆料进场检验、灌浆料储存与保管。在完成核心任务和延伸任务过程中落实质量管理、安全管理和文明作业要求。

（2）图例说明（图3-15～图3-18）。

剪力墙的灌浆套筒
连接过程

图 3-15　预制柱灌浆施工

插入下部注浆孔进行注浆

图 3-16　预制剪力墙灌浆施工

图 3-17 预制柱灌浆完成

图 3-18 预制剪力墙灌浆完成

任务解析

1.作业流程

灌浆流程如图 3-19 所示。

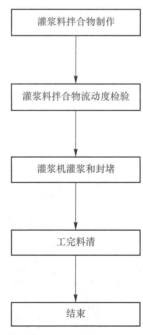

图 3-19 灌浆流程

2. 灌浆料拌合物制作

备料员严格按本批灌浆料出厂检验报告要求的水料比（如 11%，即 11 g 水 +100 g 干料），用电子秤与量杯分别称量灌浆料和水，按照图 3-20 所示的流程制作灌浆料拌合物，如图 3-21 所示。

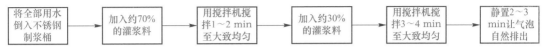

| 将全部用水倒入不锈钢制浆桶 | → | 加入约70%的灌浆料 | → | 用搅拌机搅拌1～2 min至大致均匀 | → | 加入约30%的灌浆料 | → | 用搅拌机搅拌3～4 min至大致均匀 | → | 静置2～3 min让气泡自然排出 |

图 3-20　灌浆料拌合物制作流程

图 3-21　灌浆料拌合物制作

3. 灌浆料拌合物流动度检验

灌浆料拌合物流动度检验是判断灌浆料拌合物是否合格的重要指标，初始流动度值不得低于 300 mm，不得大于 350 mm；30 min 时流动度值不得低于 260 mm；灌浆料拌合物流动度值不符合要求的，不得使用。灌浆料拌合物流动度检验如图 3-22 所示。

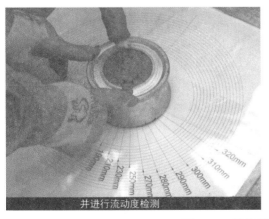

图 3-22　灌浆料拌合物流动度检测

4. 灌浆机灌浆和封堵

（1）灌浆机试机。将灌浆料拌合物加入灌浆机料斗，同时将灌浆枪对准料斗，启动灌浆机，待灌浆料拌合物从灌浆枪连续涌出，暂停灌浆机，如图 3-23 所示。

图 3-23　灌浆机试机

（2）灌浆。

1）剪力墙灌浆前应先检查分仓标记，确认灌浆仓位，当预制剪力墙有三个及以上仓位的，灌浆时应从中央仓位往两边仓位依次灌浆。

2）对选定的灌浆仓位进行灌浆时，选择灌浆仓位下排孔口中居中的一个孔口作为灌浆口，其余孔口作为出浆口。灌浆员手握灌浆枪插入灌浆口，开动灌浆机对该仓位进行灌浆。当一个出浆口快速饱满涌出灌浆料拌合物后，用胶塞塞住该孔口（注意：应将胶塞塞牢孔口）；当该仓位顶部排气孔涌出灌浆料拌合物时，暂停灌浆机 20 s，再补灌 5 s，然后快速拔出灌浆枪，用胶塞塞住灌浆口，如图 3-24 ～ 图 3-26 所示。对其余仓位进行灌浆时，流程与中央仓位灌浆流程相同。

连续套筒灌浆

图 3-24　灌浆枪插入注浆孔进行灌浆作业

图 3-25　封堵下部孔口

图 3-26　封堵上部孔口

3）发现灌浆不畅的，可以在预制柱下排居中孔口中选择另一个孔口作为灌浆口，在保证已灌入的灌浆料拌合物和继续灌入的灌浆料拌合物流动度符合要求的前提下，将已经封堵的出浆口打开。灌浆员按照灌浆流程重新对套筒灌浆口进行灌浆，直至将灌浆套筒灌满，并用胶塞塞住灌浆口。同一仓位中途停顿后继续灌浆的，也应按照以上方法操作（图 3-27）。

4）在灌浆过程中，发现灌浆料拌合物抛洒的，及时进行清理。对坐浆围护带进行巡查，发现漏浆的，用堵漏灵处理坐浆围护带，按照中途停顿后继续灌浆的做法操作，确保灌浆饱满并对漏浆进行清理，如图 3-28 所示。

图 3-27　拔出注浆枪后封堵灌浆孔

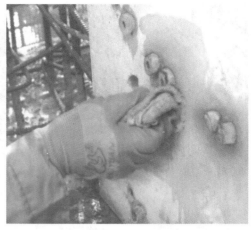
图 3-28　灌浆完成进行灌浆料拌合物清理

5）预制剪力墙在灌浆过程中如发生坐浆围护带开裂出现轻微渗漏，应立即暂停灌浆机，灌浆枪不能拔出，把该仓位置所有封堵胶塞打开；采用快速堵漏灵，封堵开裂漏浆位置，封堵操作应在 10 min 内完成，封堵完毕后对该仓位重新启动灌浆机灌浆。灌浆完成后，派专人监控是否仍有渗漏。

6）预制剪力墙在灌浆过程中如发生坐浆围护带破裂出现大量漏浆，应立即暂停灌浆机，铲除坐浆围护带，用高压水枪把套筒内的灌浆料全部冲洗干净后，重新对预制剪力墙进行坐浆封堵。

5．工完料清

用扫把、抹布等清理工作面，保持清洁；将灌浆泵内的浆料排入小盆，将剩余灌浆料用电子秤称量并记录；将以上灌浆记录数据整理并认真填写在记录表（表 3-5）内；灌浆泵内浆料排出后，将灌浆泵、注浆管、注浆枪等清洗 3 遍；清洗工具，如搅拌机、小盆、抹子等；工具清洗擦干后入库。

表 3-5　灌浆施工记录表

工程名称			施工部位		
施工日期	年　　日　　时		灌浆料批号		
环境温度	℃		使用灌浆料总量		kg
材料温度	℃	水温　　℃	浆料温度	℃（不高于 30 ℃）	
搅拌时间	min	流动度　　mm	水料比（加水率）	喷水池：　kg；　料：　kg	

任务实施

预制柱灌浆训练指导见表 3-6。

表 3-6 预制柱灌浆训练指导

任务	内容要求	岗位分工	分组名单	具体做法	遇到的问题及解决方案
准备工作	1. 劳保用品准备; 2. 设备检查; 3. 领取工具; 4. 领取材料; 5. 工位卫生检查及清理	1名学员任组长,负责统筹;1名学员负责检查设备;1名学员负责领取工具;1名学员负责领取材料;1名学员负责工位卫生检查及清理		1. 劳保用品准备: (1) 穿劳保工装,做到领口紧、袖口紧,下摆紧。 (2) 戴好安全帽,内衬圆周大小调节头到头部稍有约束感为宜。系好下颚带,紧贴下颚,松紧适宜。 (3) 正确穿戴好手套。 2. 设备检查: (1) 检查吊装设备是否完好,如大车、小车行走;吊机的升降、操作开关等。 (2) 检查吊具是否完好、齐全,如吊梁、吊带、吊索、卡环、鸭嘴扣、万向吊环等。 (3) 电动灌浆泵是否完好。 3. 领取工具: 根据灌浆选择工具:扫把、簸箕、喷壶或水桶、小盆、灰桶、搅拌桶、浆料搅拌机、电子秤、刻度杯、温度计、流动圆锥截试模、钢化玻璃板、勺子、手动灌浆枪、高压水枪等。 4. 领取材料:灌浆料和水。 5. 工位卫生检查及清理:工位清理干净,保证清洁备用	
灌浆料拌合物制作	1. 环境温度; 2. 根据灌浆料配合比计算灌浆料干料和水用量; 3. 灌浆料拌制作	组长负责统筹协调;1名学员负责测量环境温度;1名学员负责计算;1名学员负责称量;1名学员负责搅制		1. 用温度计检测作业区环境温度,并做记录。 2. 根据构件长度、套筒型号和数量计算拌制灌浆料,根据产品说明配合比计算配制。 (1) 称量水:用量筒或电子秤根据计算水量量取。 (2) 称量干料:用电子秤、小盆,根据计算干料用量来称取。 3. 灌浆料搅拌制作: (1) 将称量的水全部倒入搅拌桶内,推荐第一次先将70%干料入搅拌桶搅拌,第二次将30%干料倒入搅拌桶。沿一个方向搅拌,总搅拌时间不少于5 min。 (2) 静停2 min,使灌浆料内气泡自然排出	

任务	内容要求	岗位分工	分组名单	具体做法	遇到的问题及解决方案
灌浆料拌合物流动度检验	1. 试模准备； 2. 投放灌浆料； 3. 检验操作	1名学员准备试模；2名学员投放灌浆料；2名学员检验操作		1. 试模准备： （1）用湿抹布将玻璃板擦净，放平。 （2）将圆截锥试模用抹布擦净，大口朝下，放置在玻璃板中央。 2. 投放灌浆料： （1）用勺子将灌浆料投放试模中。 （2）用抹子轻轻沿试模外壁，排出气泡。 （3）用抹子将灌浆料与上口抹平。 3. 检验操作： （1）竖向提起试模，灌浆料流动形成灰饼。 （2）当灌浆料停止流动后用钢卷尺测量灰饼直径，并做记录	
灌浆机灌浆和封堵	1. 湿润灌浆泵； 2. 倒入灌浆料； 3. 选择灌浆孔； 4. 灌浆	组长负责组织协调；1名学员负责操作灌浆机；1名学员负责手持灌浆枪灌浆；2名学员负责封堵		1. 用水桶盛水倒入灌浆泵进行湿润。 2. 将搅拌桶内的灌浆料倒入灌浆泵。 3. 灌浆前选择灌浆孔，一仓只能选择一个灌浆孔，尽量选择中间位置的灌浆孔，缩短灌浆料行程。 4. 灌浆： （1）先将泵内少量积水排出，并排出部分连贯的灌浆料后插入灌浆孔连续灌浆，中间不得停顿。 （2）用橡胶塞堵塞已经排出灌浆料的孔口。 （3）保压：待排浆孔全部封堵后保压或慢速保持30 s，保证内部灌满。 （4）封堵灌浆孔：待灌浆管移除后迅速封堵灌浆孔口	

任务	内容要求	岗位分工	分组名单	具体做法	遇到的问题及解决方案
工完料清	1. 工位清理； 2. 称重剩余灌浆料； 3. 填写灌浆施工记录； 4. 设备清洗维护； 5. 工具清洗和入库	1名学员负责工位清理；1名学员负责称重剩余灌浆料；1名学员负责填写灌浆施工记录；1名学员负责设备清洗维护；1名学员负责工具清洗和入库		1. 用扫把、抹布等清理工作面，保持清洁。 2. 将灌浆泵内的浆料排入小盆，将剩余灌浆料用电子秤称量，并记录。 3. 将以上灌浆记录数据整理并认真填写在记录表内。 4. 灌浆泵内浆料排出后，将灌浆泵、注浆管、注浆枪等清洗3遍。 5. 清洗工具，如搅拌机、小盆、抹子等。工具清洗擦干后入库	
质量管理	1. 能够对本组学员的操作的不足之处给予评价； 2. 能够对其他组学员的操作给予评价	组长负责，组织本组学员在观摩其他组操练预制柱灌浆		1. 老师在作业训练时，不断提醒学员操作不当可能导致的质量问题和防范措施。 2. 不断强调职业素养训练中质量意识的核心要义"标准意识"（质量就是符合标准要求）	

训练内容	解析
黄泥拌合物 制作	
黄泥拌合物 流动度检验	
黄泥拌合物 试件制作	

训练内容	解析
灌浆机灌浆 和封堵	
叠合梁灌浆 施工	

训练内容	解析
手动灌浆枪灌浆和封堵	（1）手动灌浆枪加料。手动灌浆枪加料时将灌浆枪倒置，拆除灌浆枪头再手动填充灌浆料拌合物，灌浆料拌合物填充完毕，挤压灌浆料拌合物流出枪嘴，确保浆料填充饱满。 （2）灌浆。用手动灌浆枪从套筒的一个孔口向套筒内灌浆，至浆料从套筒另一孔口饱满流出为止。灌浆后检查套筒两端是否漏浆并及时处理。 每个套筒逐一灌浆，灌浆料拌合物应从制作完成开始计时，25 min 内使用完毕，灌浆过程中应尽量保留一定的操作应急时间。 （3）灌浆后灌浆料拌合物同条件养护试块强度达到 35 MPa 后方可进行封模等后续施工，施工过程中严禁在套筒灌浆连接上方堆放荷载、悬挂荷载和敲击踩动 
叠合梁灌浆训练	

任务实训

（1）预制剪力墙灌浆训练见表 3-7。

表 3-7　预制剪力墙灌浆训练

任务	内容要求	岗位分工	分组名单	具体做法	遇到的问题及解决方案
准备工作					
灌浆料拌合物制作					
灌浆料拌合物流动度检验					

任务	内容要求	岗位分工	分组名单	具体做法	遇到的问题及解决方案
灌浆机灌浆和封堵					
工完料清					
质量管理					

（2）预制叠合梁灌浆训练见表 3-8。

表 3-8　预制叠合梁灌浆训练

任务	内容要求	岗位分工	分组名单	具体做法	遇到的问题及解决方案
准备工作					
灌浆料拌合物制作					
灌浆料拌合物流动度检验					

任务	内容要求	岗位分工	分组名单	具体做法	遇到的问题及解决方案
灌浆机灌浆和封堵					
工完料清					
质量管理					

任务二　预制构件坐浆封仓

知识树

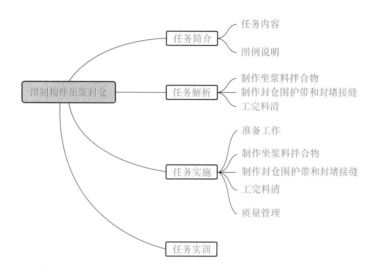

任务简介

（1）任务内容。预制柱安装完成后进行坐浆施工。核心任务包括作业准备和坐浆施工；延伸任务包括施工质量验收相关作业、坐浆料进场检验和坐浆料储存与保管。在完成核心任务和延伸任务过程中落实质量管理、安全管理和文明施工要求。

（2）图例说明（图 3-29 ～图 3-31）。

图 3-29　预制柱吊装完成图

图 3-30　预制柱坐浆施工

图 3-31　预制柱坐浆完成

任务解析

坐浆作业流程如图 3-32 所示。

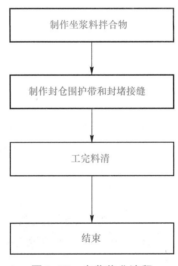

图 3-32　坐浆作业流程

1. 制作坐浆料拌合物

按说明书规定的水料比在制浆桶里添加坐浆料和水，搅拌 3～6 min 直至均匀（手握成团不松散）。

2. 制作封仓围护带和封堵接缝

（1）将 4 根 PVC 管分别放置在预制柱四侧下面，每根 PVC 管一端伸出预制柱边缘 200～300 mm，另一端顶在另一方向的 PVC 管上，管内侧紧靠纵向连接钢筋（保证填塞坐浆料时 PVC 管能可靠支撑，位置不移动，坐浆料不会进入预制柱灌浆套筒的灌浆腔内），四面同时封堵坐浆料，封堵后，抽出 PVC 管，再用少量坐浆料封堵 PVC 管抽出后留下的 4 个洞口（图 3-33、图 3-34）。

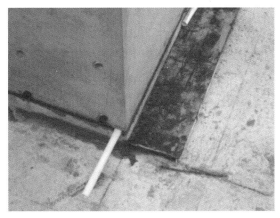
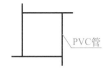

图 3-33　预制柱内放入 PVC 管　　　　图 3-34　PVC 管摆放示意

（2）加固围护带。对预制柱四周围护带进行抹制，形成一个倒角，保证灌浆时不因灌浆压力过大造成围护带损坏（图 3-35）。

图 3-35　预制柱倒角型坐浆

（3）注意事项。制作围护带应注意以下几点：

1）将 PVC 管伸出预制柱的部分稍微固定（如在 PVC 管侧旁钉一水泥钉抵住 PVC 管），防止 PVC 管移动。

2）在制作围护带时，不能用力往预制柱内挤压坐浆料拌合物，防止 PVC 管移动。

3）抽出 PVC 管时，动作不应过大，要注意保护好围护带，防止围护带坍塌损坏。

4）坐浆料拌合物要填抹密实。

3．工完料清

用扫把、抹布等清理工作面，保持清洁。将剩余坐浆料用电子秤称量，并记录。将以上坐浆记录数据整理并认真填写在记录表内。清洗工具，如小盆、抹子等。工具清洗擦干后入库。

任务实施

预制柱坐浆分仓训练指导见表 3-9。

表 3-9 预制柱坐浆分仓训练指导

任务	内容要求	岗位分工	分组名单	具体做法	遇到的问题及解决方案
准备工作	1. 劳保用品准备； 2. 设备检查； 3. 领取工具； 4. 领取材料； 5. 工位卫生检查及清理	1名学员任组长，负责统筹；1名学员负责检查设备；1名学员负责领取工具；1名学员负责领取材料；1名学员负责工位卫生检查及清理		1. 劳保用品准备： (1) 穿劳保工装，做到领口紧、袖口紧、下摆紧。 (2) 戴好安全帽，内衬圆周大小调节到头部稍有约束感为宜。系好下颚带，紧贴下颚，松紧适宜。 (3) 正确穿戴手套。 2. 设备检查： (1) 检查吊装设备是否完好，如大车、吊机的升降，操作开关等； (2) 检查吊具是否完好，齐全，如吊索、吊带、吊索、卡环、鸭嘴扣、万向吊环等。 3. 领取工具： 扫把、簸箕、喷壶或水桶、小盆、灰桶、搅拌桶、浆料搅拌机、电子秤、刻度杯、温度计、勺子、高压水枪等。 4. 领取材料：坐浆料和水。 5. 工位卫生检查及清理：工位清理干净，保证清洁备用	
制作坐浆料拌制合物	1. 测定环境温度； 2. 根据坐浆配合比计算坐浆料干料和水用量； 3. 坐浆料搅拌制作	组长负责统筹协调；1名学员负责测量环境温度；1名学员负责计算；1名学员负责称量；1名学员负责拌制		1. 用温度计检测作业区环境温度，并做记录。 2. 根据产品说明配合比计算用水量，分仓数量计算制灌浆料，根据计算配合比计算得出。 (1) 称量水：用量筒或电子秤根据计算水量量取。 (2) 称量干料：用电子秤、小盆、根据计算用量来称取。 3. 坐浆料搅拌制作：将称量的水全部倒入搅拌桶内，将称量的干料分两次加料，推荐第一次先将70%干料倒入搅拌桶搅拌，第二次将30%干料倒入搅拌桶。沿一个方向搅拌，总搅拌时间不少于5 min	

任务	内容要求	岗位分工	分组名单	具体做法	遇到的问题及解决方案
制作封仓围护带和封堵接缝	1. 放置 PVC 管; 2. 封堵坐浆料	组长负责组织协调; 2 名学员负责放置 PVC 管;2 名学员负责封堵坐浆料		将 4 根 PVC 管分别放置在预制柱四侧下面,每根 PVC 管一端伸出预制柱过缘 200 ~ 300 mm,另一端顶在另一方向的 PVC 管上,管内侧塞坐浆料时 PVC 管能纵向连接,管能紧靠竖向连接钢筋(保证填浆料不会进入预制柱灌浆套筒的灌浆腔内不移动、坐浆料不会进入预制柱灌浆套筒的灌浆腔内),四面同时封堵坐浆料,封堵 PVC 管,抽出 PVC 管,再用少量坐浆料封堵 PVC 管抽出后留下的 4 个洞口	
工完料清	1. 工位清理; 2. 称重剩余坐浆料; 3. 填写坐浆施工记录; 4. 工具清洗和入库	组长负责组织协调;1 名学员负责工位清理;1 名学员负责重称余坐浆料;1 名学员负责填写坐浆施工记录;1 名学员负责工具清洗和入库		1. 用扫把、抹布等清理工作面,保持清洁。 2. 将剩余坐浆料用电子秤称量,并记录。 3. 将以上坐浆记录数据整理并认真填写在记录表内。 4. 清洗工具,如小盆、抹子等。工具清洗擦干后入库	
质量管理	1. 能够对本组学员的操作的不足之处给予评价; 2. 能够对其他组学员的操作给予评价	组长负责,组织本组学员在观摩其他组学员操练预制柱坐浆分仓		1. 教师在作业训练时,不断提醒学员操作不当可能导致的质量问题和防范措施。 2. 不断强调职业素养训练中质量意识的核心要义"标准意识"(质量就是符合标准要求)	

135

训练内容	解析	备注
预制剪力墙坐浆分仓施工		预制剪力墙吊装完成
		预制剪力墙坐浆施工
		预制剪力墙坐浆完成

训练内容	解析	备注
制作分仓分隔带	制作分隔带应注意以下几点： （1）分隔带的宽度一般控制在 20～30 mm，分隔带与连接钢筋间距应大于 40 mm。 （2）在预制剪力墙相应位置做出分隔带标记，并记录制作完成时间。 （3）有三个及以上分仓的，从中间开始往两边做分隔带，直至全部做好	
制作封仓围护带和封堵接缝	（1）两个分仓。预制剪力墙有两个分仓的，做好一个仓位再做另一个仓位。做一个仓位的流程如下：将两根 PVC 管分别放置在预制剪力墙两侧下面（距离侧面 15～20 mm），PVC 管一端紧贴分隔带，另一端伸出预制剪力墙端部 200～300 mm，用灰刀和抹子在 PVC 管外抹制围护带，做好两侧围护带后，将两根 PVC 管脱离围护带后抽出。再将一根 PVC 管放置在预制剪力墙端部下面（距离端部 15～20 mm），两段伸出预制剪力墙侧面 150～200 mm，用灰刀和抹子在 PVC 管外抹制端部围护带，做好端部围护带后，将 PVC 管从预制剪力墙下端抽出。最后用坐浆料拌合物封堵抽出 PVC 管后产生的洞，使分隔带和围护带形成一个密封仓。 （2）三个及以上分仓。预制剪力墙有三个及以上分仓的，先做中央仓位，再做其他仓位，最后做端部仓位，做好一个仓位再做另一个仓位。 1）制作中央仓位。将两根 PVC 管分别放置在预制剪力墙两侧下面（距离侧面 15～20 mm），PVC 管一端紧贴中央仓位分隔带，另一端伸出预制剪力墙端部 200～300 mm，用灰刀和抹子在 PVC 管外抹制围护带，做好中央仓位两侧围护带后，将两根 PVC 管抽出，再用坐浆料拌合物封堵因 PVC 管抽出在中央仓位另一分隔带产生的洞，使得两条分隔带和两侧围护带形成一个密封仓。 2）制作中央仓位与端部仓位之间的仓位。将两根 PVC 管分别放置在预制剪力墙两侧下面（距离侧面 15～20 mm），PVC 管一端紧贴中央仓位分隔带外侧，另一端伸出预制剪力墙端部 200～300 mm，用灰刀和抹子在 PVC 管外抹制围护带，做好该仓位两侧围护带后，将两根 PVC 管抽出，再用坐浆料拌合物封堵因 PVC 管抽出在该仓位分隔带产生的洞，使两条分隔带和两侧围护带形成一个密封仓。 3）制作端部仓位。端部仓位做法同只有两个分仓的仓位做法相同。 （3）加固围护带。对预制剪力墙四周围护带进行抹制，形成一个倒角，保证灌浆时不因灌浆压力过大造成围护带损坏。 	

任务实训

预制剪力墙坐浆分仓训练见表 3-10。

表 3-10　预制剪力墙坐浆分仓训练

任务	内容要求	岗位分工	分组名单	具体做法	遇到的问题及解决方案
准备工作					
制作坐浆料拌合物					
制作分仓分隔带					

任务	内容要求	岗位分工	分组名单	具体做法	遇到的问题及解决方案
制作封仓围护带和封堵接缝					
工完料清					
质量管理					

鲁班精神

鲁班（公元前507年—公元前444年），相传姓公输，名般，因为他是鲁国人，"般"与"班"同音，所以后人称他为鲁班（图3-36）。

鲁班之名在神州大地上家喻户晓，千百年来一直被人们传颂，历代工匠尊称他为鲁班仙师、公输先师、巧圣先师、鲁班爷、鲁班公、鲁班圣祖、鲁班祖师等。

图3-36　鲁班

鲁班是我国一位家喻户晓的木工巨匠，是这个历史时期的工匠代表和制造成就的象征。鲁班凭什么能够成为木工制造"一代祖师"？时隔千年，鲁班给后人留下了丰厚的财富。这些财富绝不仅仅是他的制造和发明，更重要的是他的工匠精神。

长期以来，鲁班一直被土木工匠尊奉为"祖师"，受到人们的尊敬和纪念。其实，鲁班不只是我国古代最为优秀的土木建筑工匠，还是一个有许多创造的杰出发明家。鲁班有很多发明创造，从日常生活用具斧头、刨子、锯等到打仗用的战船"钩强"，攻城用的云梯，直到古代飞行器"木鸢"。鲁班发明创造的故事，世代相传，光耀千古。在中国人的心目中，鲁班不仅是"技巧"的标志和象征，他以手工操作为职业，钻研技巧，精益求精，还是古代手工业发明创造的典范，表现出中国劳动者积极进取、勇于创新的精神。

国家将"鲁班奖"作为中国建筑最高奖是对鲁班先师最好的赞誉。

项目四 后浇连接施工

基础知识

知识树

基础知识
- 后浇连接概述
- 预制墙板后浇连接
- 预制梁柱节点后浇连接
- 后浇连接相关要求
  - 材料、工器具要求
  - 安全管理和文明施工要求
  - 质量管理要求

一、后浇连接概述

预制构件装配完成后，要通过预制构件连接形成整体结构。而对于预制构件连接方式，除灌浆连接外，还可以采用混凝土连接。预制构件连接既要达成预制构件与安装位置（或预制构件）钢筋连接，又要达成预制构件与安装位置（或预制构件）混凝土连接，分别满足传递（承受）拉力和压力的要求。

后浇段施工

混凝土连接，是指对装配完成的预制构件，依托其外露钢筋相互绑扎并安装模板，再浇筑混凝土，将预制构件连接成整体。混凝土连接包括后浇带连接（图 4-1）和上部浇筑连接（图 4-2）。

图 4-1　后浇混凝土带连接现场图片　　图 4-2　上部混凝土连接现场图片

1. 后浇混凝土施工一般规定

（1）将预制构件结合面清理干净。

（2）模板应保证后浇混凝土部分形状、尺寸和位置准确，并应防止漏浆。

（3）在浇筑混凝土前应洒水湿润结合面，混凝土应振捣密实。

（4）同一配合比的混凝土，每工作班建筑面积不超过 1 000 m² 应制作一组标准养护试件，同一楼层应制作不少于 3 组标准养护试件。

（5）后浇混凝土的强度达到设计要求后，方可拆除预制构件固定措施。

2. 后浇混凝土工艺流程

后浇混凝土工艺流程如图 4-3 所示。

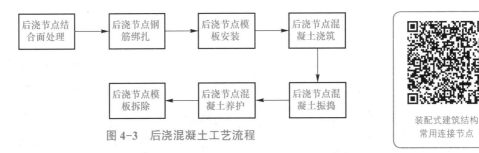

图 4-3 后浇混凝土工艺流程

3. 后浇带形式

后浇带形式主要包括预制墙板后浇带连接（图 4-4）、预制叠合板后浇带连接（图 4-5）、预制墙板节点后浇带连接、预制梁柱节点后浇带连接（图 4-6）。

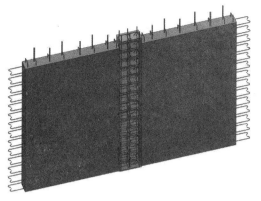

图 4-4　预制墙板后浇带连接示意

图 4-5　预制叠合板后浇带连接示意

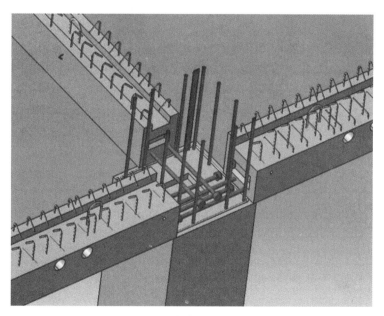

图 4-6　预制梁柱节点后浇带连接示意

4．后浇带施工注意事项

（1）装配式结构的后浇混凝土部分在浇筑前应进行隐蔽工程验收。

（2）后浇节点部分的钢筋连接方式、钢筋锚固方式及长度要符合相关规范标准的要求。

（3）后浇带部分的模板支撑体系要有足够的强度、刚度和稳定性，确保后浇部分混凝土施工质量和安全。

（4）后浇带施工过程中应加强预制构件成品保护，未经设计许可不得对预制构件进行切割开洞。

关键技术点拨

（1）对于预制构件连接方式，除了灌浆连接外，还有混凝土连接。

（2）后浇带形式主要包括预制墙板后浇带连接、预制叠合板后浇带连接、预制墙板节点后浇带连接、预制梁柱节点后浇带连接。

（3）后浇节点部分的钢筋连接方式、钢筋锚固方式及长度要符合相关规范标准的要求。

学中做

（1）混凝土连接包括_____连接和_____连接。

（2）同一配合比的混凝土，每工作班建筑面积不超过_____m² 应制作一组标准养护试件，同一楼层应制作不少于_____组标准养护试件。

（3）后浇带部分的模板支撑体系要有足够的_____、_____和_____，确保后浇部分混凝土施工质量和安全。

二、预制墙板后浇连接

1．"一"字形连接

当接缝位于单一纵墙或单一横墙交接处时，称为"一"字形连接（图4-7），应根据设计要求选择正确的竖向分布钢筋、附加连接钢筋与墙板边缘预留外露钢筋绑扎连接，然后全部采用后浇混凝土进行整体连接。

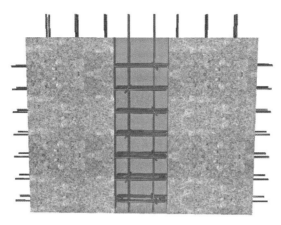

图 4-7 "—"字形连接节点示意

2．"L"形、"T"形连接

（1）当接缝位于纵横墙交接处的约束边缘构件区域时，约束边缘构件的阴影区域宜全部采用后浇混凝土，纵向钢筋主要配置在后浇段内，且在后浇段内应配置封闭箍筋及拉筋，预制墙板中的水平分布筋在后浇段内锚固，如图 4-8、图 4-9 所示。

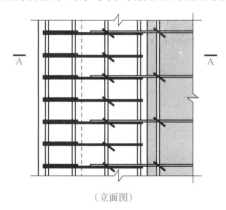

（立面图）

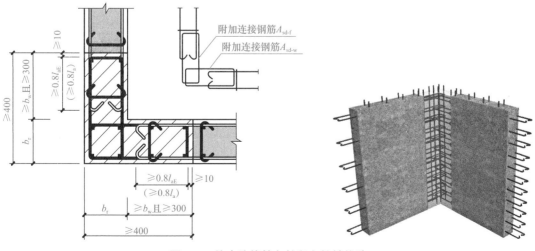

图 4-8 约束边缘转角柱竖向接缝构造

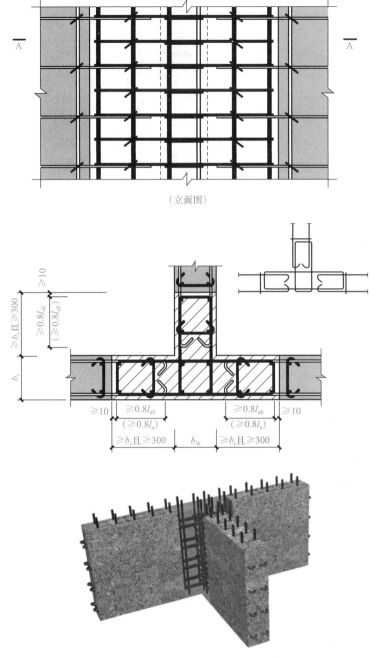

（立面图）

图 4-9　约束边缘翼墙竖向接缝构造

　　（2）当接缝位于纵横墙交接处的构造边缘构件区域时，构造边缘构件宜全部采用后浇混凝土，如图 4-10 所示。为了满足构件的设计要求或施工要求，也可部分后浇、部分预制，如图 4-11 所示。当构造边缘构件部分后浇、部分预制时，需要合理布置预制构件及后浇段中的钢筋，使边缘构件内形成封闭箍筋。非边缘构件区域，剪力墙拼接位置，剪力墙水平钢筋在后浇段内可采用锚环的形式锚固，两侧伸出的锚环宜相互搭接。当仅在一面墙上设置后浇段时，后浇段的长度不宜小于 300 mm。

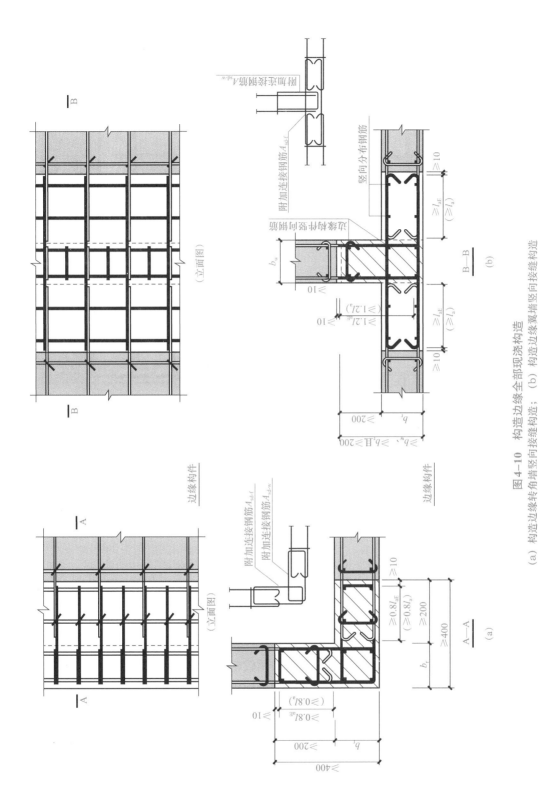

图 4-10 构造边缘全部现浇构造

(a) 构造边缘转角墙竖向接缝构造; (b) 构造边缘翼墙竖向接缝构造

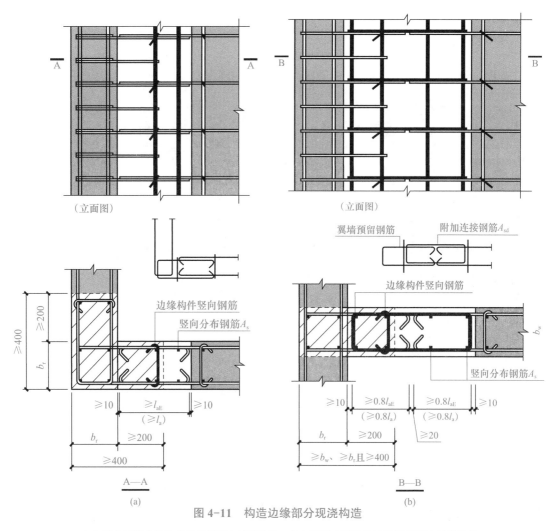

（立面图）　　　　　　　　　　　　　　（立面图）

图 4-11　构造边缘部分现浇构造

（a）部分现浇构造边缘转角墙竖向接缝构造；（b）部分现浇构造边缘翼墙竖向接缝构造

三、预制梁柱节点后浇连接

1. 叠合梁与框架柱的连接节点

叠合梁与框架柱的连接，梁、柱应尽量采用较粗直径、较大间距的钢筋排布方式，以减少节点核心区的主筋钢筋，有利于节点的装配化施工，保证施工质量。在设计过程中，应充分考虑到施工装配的可行性，合理确定梁柱截面尺寸及钢筋的数量、间距及位置等，可采用弯锚避让的方式、弯折角度不宜大于 1：6（锚固钢筋端部弯起距离：锚固钢筋水平投影长度）。节点区施工时，应注意合理安排节点区箍筋、预制梁、梁上部钢筋的安装顺序，梁纵向受力钢筋应伸入柱头后浇节点区内锚固或连接。下面介绍框架中间层中节点及顶层端节点的构造。

（1）框架中间层中节点。如图 4-12 所示，中节点两侧的梁下部纵向受力钢筋宜锚固在后浇节点区内，也可采用机械连接或焊接的方式直接连接，梁上部纵向受力钢筋应贯穿后浇节点区。

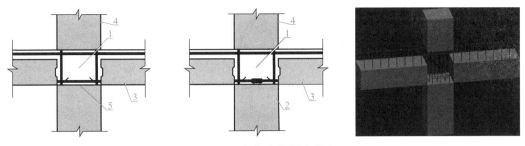

图 4-12　框架中间层中节点

1—后浇区；2—梁下部纵向受力钢筋连接；3—预制梁；4—预制柱；5—梁下部纵向受力钢筋锚固

（2）框架顶层端节点。梁下部纵向受力钢筋应锚固在后浇节点区域内，且宜采用锚固板的锚固方式；柱宜伸出屋面并将柱纵向受力钢筋锚固在伸出段内，伸出段长度不宜小于 500 mm，伸出段内箍筋间距不应大于 5d，且不应大于 100 mm；柱纵向钢筋宜采用锚固板锚固，锚固长度不应小于 40d，梁上部纵向受力钢筋宜采用锚固板锚固［图 4-13（a）］。当柱不伸出屋面时，柱外侧纵向受力钢筋也可与梁上部纵向受力钢筋在后浇节点区搭接，柱内侧纵向受力钢筋宜采用锚固板锚固［图 4-13（b）］。

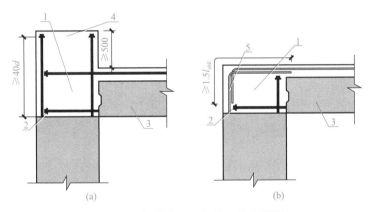

图 4-13　柱伸出层面与柱不伸出屋面

（a）柱伸出屋面；（b）柱不伸出屋面

1—后浇区；2—梁下部纵向受力钢筋；3—预制梁；4—柱延伸段；5—柱纵向受力钢筋

2．次梁与主梁的连接节点

对于叠合楼盖结构，次梁与主梁的连接可采用后浇混凝土节点，即主梁上预留后浇段，混凝土断开而钢筋连续，以便穿过和锚固次梁钢筋。当主梁截面较高而次梁截面较小时，主梁预制混凝土也可不完全断开，而采用预留凹槽的形式供次梁钢筋穿过。次梁端部可设计为刚接和铰接。次梁钢筋在主梁内锚固时，锚固长度要满足相关规范的要求。

（1）端部节点。主梁只有一侧有次梁，次梁下部纵向钢筋伸入主梁后浇段内的长度不小于 12d。次梁上部纵向钢筋应在主梁后浇段内锚固，采用弯折锚固或锚固板锚固时，锚固直段长度不小于 $0.6l_{ab}$；当钢筋应力不大于钢筋强度设计值的 50% 时，锚固直段长度

不应小于 $0.35l_{ab}$；弯折锚固在弯折后直段长度不应小于 $12d$（图 4-14）。

（2）中间节点。主梁两侧有次梁，两侧次梁的下部纵向钢筋伸入主梁后浇段内长度不应小于 $12d$；次梁上部纵向钢筋应在现浇层内贯通（图 4-15）。

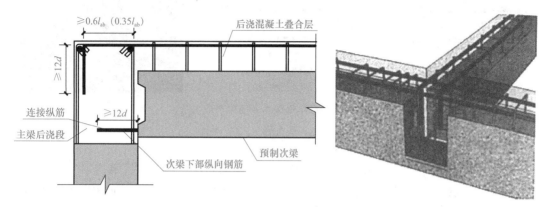

图 4-14　框架结构端部节点构造图

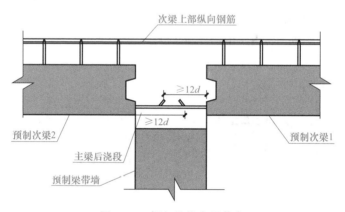

图 4-15　框架结构中间节点

四、后浇连接相关要求

（一）材料、工器具要求

后浇连接的材料及工器具要求见表 4-1。

表 4-1　材料及工器具要求

序号	名称	要求
1	钢筋	应有出厂合格证，按规定进行力学性能复试。当加工过程中发生脆断等情况时，还需进行化学成分检验。钢筋应无老锈及油污
2	成型钢筋	必须符合配料单要求的规格、尺寸、形状、数量，并应有加工出厂合格证
3	钢丝	可采用 20～22# 钢丝或镀锌钢丝。钢丝切断长度要满足使用要求
4	垫块	用水泥砂浆制成，50 mm×50 mm，厚度同保护层，或用塑料卡、拉筋、支撑筋等

序号	名称	要求
5	模板	铝合金模板、木模板或钢模板
6	主要机具	钢筋钩子、撬棍、扳子、绑扎架、钢丝刷子、粉笔、尺子、对拉螺栓、扳手、各类支撑等

（二）安全管理和文明施工要求

（1）进入实操现场必须戴好安全帽，穿好防滑鞋。危险作业时，必须系好安全带，安全带应系在安全可靠的位置，以免发生意外。

（2）切断小于 30 cm 的短钢筋，应用钳子夹牢，禁止用手把扶，并在外侧设置防护箱笼罩或朝向无人区。

（3）多人抬运钢筋，起、落、转、停动作要一致，人工上下传送不得在同一直线上。钢筋堆放要分散、稳当、防止倾倒和塌落。

（4）在高空绑扎钢筋和安装骨架，须搭设脚手架和马道。

（5）绑扎立柱、墙体钢筋，不得站在钢筋骨架上和攀登骨架上下。

（6）严禁在施工时打闹；酒后严禁进入施工现场施工。

（7）安装模板的操作人员，应有可靠的立足点，应站在安全地点进行操作，避免上下在同一垂直面工作，操作人员要主动避让吊物，增强自我保护和相互保护的安全意识。

（8）支模应按规定的作业程序进行，模板未固定前不得进行下道工序，严禁在连接件和支撑件上面攀登上下，以免发生意外。

（三）质量管理要求

（1）熟悉图纸按要求施工，浇筑混凝土前检查钢筋位置是否正确。

（2）箍筋末端应弯成 $135°$，平直部分长度为 $10d$。

（3）梁主筋进支座长度要符合设计要求，弯起钢筋位置准确。

（4）板的弯起钢筋和负弯矩钢筋位置应准确，施工时不应踩倒。

（5）绑板的盖铁钢筋应拉通线，绑扎时随时找正调直，防止板筋不顺直，位置不准，观感不好。

（6）绑扎竖向受力筋时要吊正，搭接部位绑 3 个扣，绑扣不能用同一方向的顺扣。

层高超过4 m时，搭架子进行绑扎，并采取措施固定钢筋，防止柱、墙钢筋骨架不垂直。

（7）在钢筋配料加工时要注意，端头有对焊接头时，要避开搭接范围，防止绑扎接头内混入对焊接头。

（8）模板要保证工程结构和构件各部分形状尺寸和相互位置的正确。

（9）模板应具有足够的强度、刚度和稳定性，能可靠地承受新浇混凝土的质量和侧压力，以及在施工过程中所产生的荷载，构造简单，装拆方便，并便于钢筋的绑扎和安装，符合混凝土浇筑及养护等工艺要求。

（10）模板接缝应严密，不得漏浆。

关键技术点拨

（1）叠合梁与框架柱的连接，梁、柱应尽量采用较粗直径、较大间距的钢筋排布方式，以减少节点核心区的主筋钢筋。

（2）柱宜伸出屋面并将柱纵向受力钢筋锚固在伸出段内，伸出段长度不宜小于500 mm，伸出段内箍筋间距不应大于5d，且不应大于100 mm。

（3）主梁两侧有次梁，两侧次梁的下部纵向钢筋伸入主梁后浇段内长度不应小于12d。

学中做

1. 当仅在一面墙上设置后浇段时，后浇段的长度不宜小于＿＿＿＿＿＿ mm。

2. 柱纵向钢筋宜采用＿＿＿＿＿＿锚固，锚固长度不应小于＿＿＿＿＿＿ d，梁上部纵向受力钢筋宜采用锚固板锚固。

任务 预制构件后浇连接

知识树

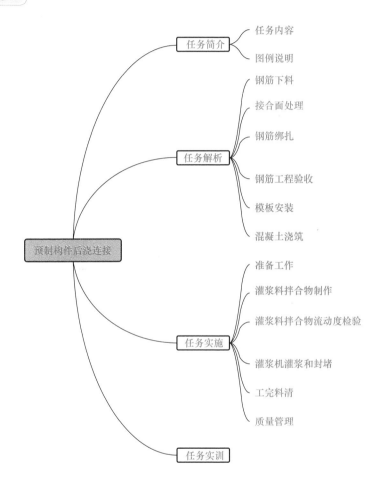

任务简介 ┬ 任务内容
        └ 图例说明

任务解析 ┬ 钢筋下料
        ├ 接合面处理
        ├ 钢筋绑扎
        ├ 钢筋工程验收
        ├ 模板安装
        └ 混凝土浇筑

预制构件后浇连接

任务实施 ┬ 准备工作
        ├ 灌浆料拌合物制作
        ├ 灌浆料拌合物流动度检验
        ├ 灌浆机灌浆和封堵
        ├ 工完料清
        └ 质量管理

任务实训

任务简介

（1）任务内容。核心任务包括作业准备和钢筋绑扎作业、模板安装作业；延伸任务包括钢筋绑扎、模板安装质量验收相关作业。在完成核心任务和延伸任务的过程中落实质量管理、安全管理和文明作业要求。

（2）图例说明（图 4-16、图 4-17）。

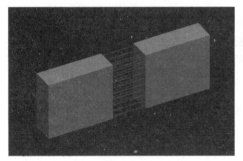

图 4-16 "一"字形、"L"形、"T"形连接示意

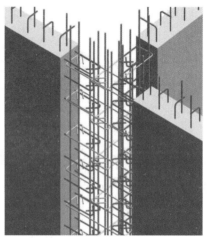

图 4-17 "一"字形、"L"形、"T"形连接实物及示意

任务解析

作业流程如图 4-18 所示。

1. 钢筋下料

各类钢筋在实操前均已由工程技术人员按图纸要求下料完成，同学们需要从钢筋堆放地找出本次实操所需的钢筋（型号、数量、尺寸），并检查钢筋是否锈蚀、是否有裂纹等缺陷。

2. 接合面处理

利用钢丝刷子对接合面进行处理，如已是粗糙面则进行清扫、润湿，如不是粗糙面则对其进行适当的凿毛，然后清理、润湿。

3. 钢筋绑扎

（1）调整预制墙板两侧的边缘构件钢筋。

（2）绑扎边缘构件纵筋范围里的箍筋，绑扎顺序是由下而上，然后将每个箍筋平面内的甩出筋、箍筋与主筋绑扎固定就位。

（3）将边缘构件纵筋以上范围内的箍筋套入相应的位置，并固定于预制墙板的甩出钢筋上。

（4）安放边缘构件纵筋并将其与插筋绑扎固定。

（5）将已经套接的边缘构件箍筋安放调整到位，然后将每个箍筋平面内的甩出筋、箍筋与主筋绑扎固定就位。

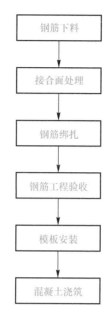

图 4-18　坐浆后浇连接流程

4. 钢筋工程验收

在钢筋绑扎完成后，应对钢筋进行隐蔽工程验收，依照图纸对钢筋的型号、尺寸、间距、位置等进行一一核对，必须验收通过才能进入下一道工序。

5. 模板安装

模板安装应充分利用预制墙板间的缝隙及墙板上预留的对拉螺栓孔使其充分拉模，以保证墙板边缘混凝土与后支模板连接紧固好，防止胀模。

模板安装时应注意以下两点：

（1）节点处模板应在混凝土浇筑时不产生明显变形漏浆，不宜采用周转次数较多的模板。为防止漏浆污染预制墙板，模板接缝处需粘贴海绵条。

（2）采取可靠措施防止胀模，如增设背楞和支撑等。

6. 混凝土浇筑

待钢筋隐蔽工程检验合格，接合面清理干净后，浇筑混凝土。

（1）对接合面进行认真清扫，并在混凝土浇筑前进行湿润。

（2）混凝土浇筑应连续施工，一次完成，同时使用振动棒振捣，确保混凝土振捣密实。

（3）混凝土浇筑完毕后立即进行养护，养护时间不得少于 7 d。

✦ **任务实施**

预制墙板后浇连接训练指导见表 4-2。

表 4-2 预制墙板后浇连接训练指导

任务	内容要求	岗位分工	分组名单	具体做法	遇到的问题及解决方案
准备工作	1. 劳保用品准备; 2. 领取工具; 3. 领取材料; 4. 工位卫生检查及清理	1名学员任组长，负责统筹;2名学员负责领取工具;1名学员负责领取材料;1名学员负责工位卫生检查及清理		1. 劳保用品准备: (1) 穿劳保工装，做到领口紧、袖口紧、下摆紧; (2) 戴好安全帽，内衬圆周大小调节到头部稍有约束感为宜。系好下颚带，紧贴下颚，松紧适宜; (3) 正确穿戴好手套。 2. 领取工具：扫帚、钢丝刷、锤子、凿子、支撑、模板、扳手、洒水壶等。 3. 领取材料：钢筋和钢丝、混凝土。 4. 工位卫生检查及清理：工位清理干净，保证清洁备用	
钢筋下料	1. 选择正确型号的钢筋; 2. 按图图纸尺寸和数量加工钢筋	组长负责统筹协调;所有组员按图图纸要求共同完成钢筋下料		1. 认真识图，确定所需钢筋的型号、尺寸和数量。 2. 在已提供的钢筋堆料中寻找正确型号的钢筋。 3. 按图纸尺寸和数量加工选择钢筋	
接合面处理	1. 清理垃圾和浮浆; 2. 清理外露钢筋的锈迹; 3. 洒水润湿	2名同学负责清理垃圾和浮浆;2名同学负责清理外露钢筋的锈迹;1名同学负责洒水润湿		1. 用扫帚把残留的垃圾清理干净，用锤子和凿子把浮浆清理干净，使接合面干净坚实。 2. 观察外露钢筋是否生锈，若生锈则用钢丝刷把锈迹刷干净。 3. 用洒水壶把接合面洒水润湿*	

任务	内容要求	岗位分工	分组名单	具体做法	遇到的问题及解决方案
钢筋绑扎	把对应型号、尺寸的钢筋如数绑扎至对应的位置	组长负责统筹协调，所有组员按图纸要求共同完成钢筋绑扎		1. 用钢丝钩和钢丝按规定的方法把对应的绑扎点绑扎完。 2. 注意钢筋间距。 3. 注意绑扎牢固	
钢筋工程验收	验收已绑扎好的钢筋工程	组员分两队，一队先根据图纸对钢筋工程进行验收，另一队复验		1. 检查钢筋的型号。 2. 检查钢筋的尺寸。 3. 检查钢筋之间的间距	
模板安装	选择正确的模板并安装	2名组员搬运模板至指定的位置；2名组员用对拉螺栓安装固定模板		1. 选择或制作正确的模板。 2. 在模板周边贴防渗漏。 3. 用对拉螺栓安装固定模板	
混凝土浇筑	浇筑混凝土	2名组员负责浇筑；2名组员负责振实；1名学员负责整平		1. 正确计算所需混凝土方量。 2. 配制或购买正确等级的混凝土。 3. 浇筑振实混凝土	
质量管理	1. 能够对本组学员的操作的不足之处给予评价； 2. 能够对其他组学员的操作给予评价	组长负责，组织本组学员在观摩其他组操作预制柱坐浆分仓		1. 教师在作业训练时，不断提醒学员操作不当可能导致的质量问题和防范措施。 2. 不断强调职业素养训练中质量意识的核心要义"标准意识"（质量就是符合标准要求）	

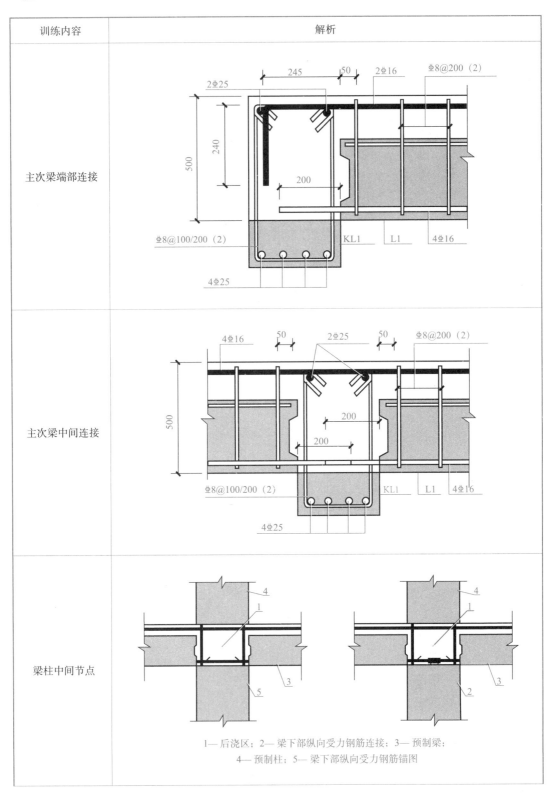

训练内容	解析
主次梁端部连接	
主次梁中间连接	
梁柱中间节点	1—后浇区；2—梁下部纵向受力钢筋连接；3—预制梁； 4—预制柱；5—梁下部纵向受力钢筋锚图

训练内容	解析
梁柱中间节点	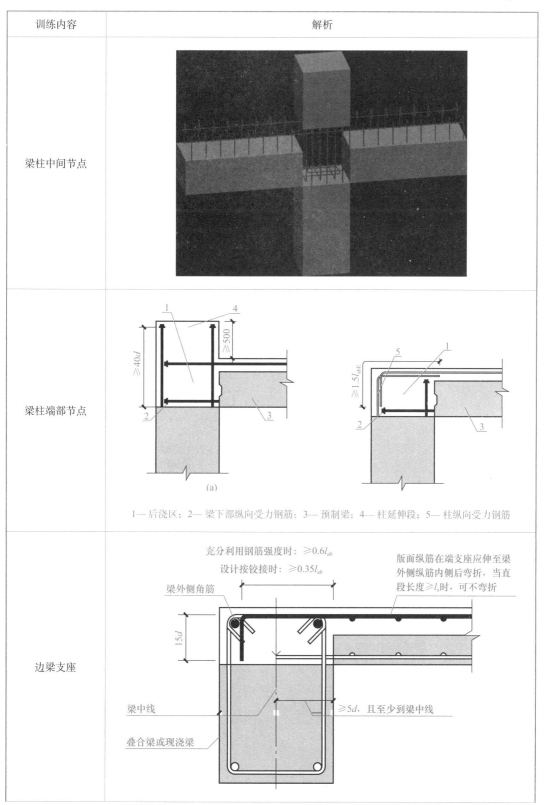
梁柱端部节点	
边梁支座	

1—后浇区；2—梁下部纵向受力钢筋；3—预制梁；4—柱延伸段；5—柱纵向受力钢筋

充分利用钢筋强度时：≥0.6l_{ab}

设计按铰接时：≥0.35l_{ab}

版面纵筋在端支座应伸至梁外侧纵筋内侧后弯折，当直段长度≥l_a时，可不弯折

梁外侧角筋

15d

梁中线

≥5d，且至少到梁中线

叠合梁或现浇梁

训练内容	解析
中间梁支座	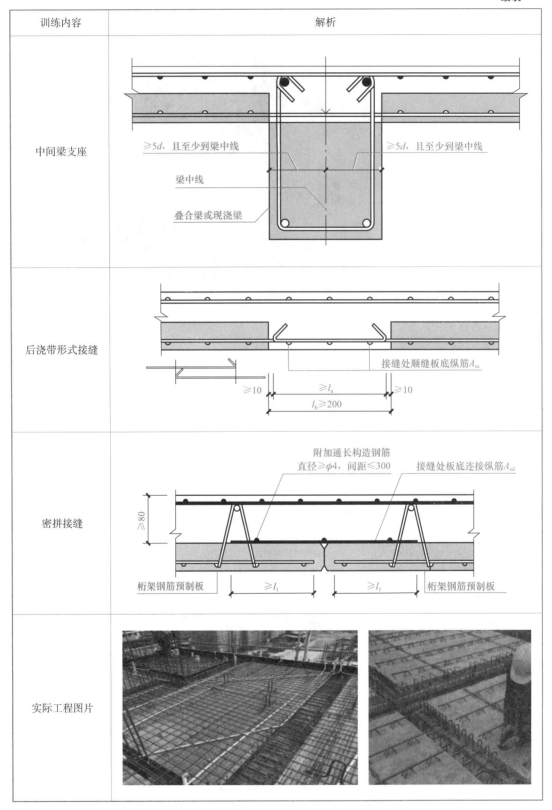
后浇带形式接缝	
密拼接缝	
实际工程图片	

（1）预制梁柱节点后浇连接训练见表 4-3。

表 4-3 预制梁柱节点后浇连接训练

任务	内容要求	岗位分工	分组名单	具体做法	遇到的问题及解决方案
准备工作					
钢筋下料					
接合面处理					
钢筋绑扎					

任务	内容要求	岗位分工	分组名单	具体做法	遇到的问题及解决方案
钢筋工程验收					
模板安装					
混凝土浇筑					
质量管理					

（2）预制叠合梁板后浇连接训练见表 4-4。

表 4-4　预制叠合梁板后浇连接训练

任务	内容要求	岗位分工	分组名单	具体做法	遇到的问题及解决方案
准备工作					
钢筋下料					
接合面处理					
钢筋绑扎					

任务	内容要求	岗位分工	分组名单	具体做法	遇到的问题及解决方案
钢筋工程验收					
模板安装					
混凝土浇筑					
质量管理					

混凝土的故事

"砼"与"混凝土"同义，读音为"tóng"，唯一含意就是"混凝土"（图 4-19）。"砼"字的发明人是蔡方荫，是一位早年的清华学子。1953 年他发明了这个字，很快便在工程技术人员、大专院校学生中得到推广。因为它在许多场合下可替代"混凝土"，起到"一字顶三字"的作用。写"混凝土"三个字，笔画共计 30 划，改用"砼"字只写 10 划；这会给听课记笔记的学生，日常反复写这个词的大量技术干部、管理人员、工人等，提供很大的便利。

图 4-19　混凝土

在有关图纸、技术文件、资料编制中，"混凝土"三个字会频繁地遇到。有个替代字，会让技术人员及描图员等辅助人员省下很多时间，特别是在计算机辅助设计还未诞生或普及的年代里。

"砼"字这个新字创造得很巧妙，也很有道理：把"砼"字拆成三个字，就成为"人、工、石"，表示混凝土是人造石；如把它拆成两个字，是"仝石"，而"仝"是"同"的异体字，"仝石"可以理解为，混凝土与天然石料的主要性能大致相同。

李益萍写诗赞美"混凝土"：

石子砂子加水泥 / 煤灰石粉外加剂 / 毫不相干的东西 / 通过大家的凝集 / 做成高架桥的墩子 / 承起高铁空中飞 / 筑成大厦的墙基 / 座座高楼平地起

我是人工石也叫混凝土 / 无论三峡大坝 / 还是青藏铁路 / 到处有我身影 / 我想告诉人们 / 只要大家抱得紧 / 一堆无用的材料 / 能变成坚不可摧

在第 45 届世界技能大赛中，陈君辉、李俊鸿技压群雄，一举夺魁，获得混凝土建筑项目金牌。混凝土建筑项目比赛长达 4 天共 22 h，两个选手根据题目完成 AB 两面墙、梁、楼板、钢筋、浇筑混凝土等，每面墙都会有不同的制作要求，制作过程涉及施工放线、模板加工拼装、混凝土的浇筑修复、拆模养护。他们在比赛中相互协作、稳扎稳打，用混凝土砌筑出高标准、高精度、高颜值的建筑作品，向世界展示了中国混凝土建筑的超高水平。

他们用实力告诉所有人掌握专业技能也可以站上世界的舞台，也一样可以实现精彩人生，实现梦想。

2020年12月11—13日，全国首届职业技能大赛在广州国际会展中心场馆隆重举行。三天的比赛，林怡峰和谢健强（图4-20）两位选手要根据题目完成混凝土墙、梁、楼板的钢筋绑扎、模板加工和混凝土浇筑等，制作过程涉及施工放线、模板计算和拼装、钢筋下料和绑扎、浇筑商品混凝土、拆模养护五个主要工序。最终他们获得混凝土建筑项目的金牌，登上了冠军的领奖台。

图 4-20　林怡峰和谢健强

项目五　装配式建筑拼缝处理

基础知识

知识树

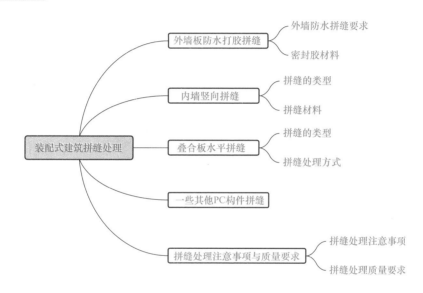

一、外墙板防水打胶拼缝

外墙板为建筑物的外部维护结构，直接与外部环境接触，受环境变化影响较大，根据拼缝位置及当地气候特点，选用合适密封胶对外墙板缝进行防水处理。

（一）外墙防水拼缝要求

（1）外墙板拼缝构造应满足防水、防火、隔声等建筑功能的要求。

（2）拼缝宽度应满足主体结构的层间位移、密封材料的变形能力，以及施工误差、温差引起的变形要求。

（3）建筑密封胶与混凝土要有良好的黏结性，还应具备耐候性、可涂装性、环保性的特征。

外墙拼接防水

（4）建筑密封胶进场前，应按规范《建筑用硅酮结构密封胶》（GB 16776—2005）要求进行抽样，同时，对相应的材料委托有资质的实验室进行二次检验。

（5）PC 板拼缝严格按设计要求施工，并保证美观干净。

（6）PC 构件一般设置预留缝隙宽度为 20 mm，在满足基材伸缩余量前提下，接缝宽度为 10 mm。当接缝宽度小于 10 mm 时，宽深比为 A ∶ B ＝ 1 ∶ 1；当接缝宽 10 mm 时，宽深比为 A ∶ B ＝ 2 ∶ 1。施工人员应根据实际的接缝宽度，选择相应的宽深比。

（二）密封胶材料

目前，装配式建筑用密封胶主要有聚氨酯密封胶、改性硅烷密封胶、硅酮密封胶。装配式建筑用密封胶的选用主要参考的指标有力学性能、黏结相容性能、良好的抗位移能力和蠕变性能、耐候性、防污染性及涂饰性、低温柔性。

1. 密封胶的性能要求

（1）力学性能。密封胶作为外墙板接缝胶使用时，可能会遭遇以下情况：预制混凝土板块干燥收缩、热胀冷缩；风荷载、地震等带来的板块位移；地基沉降引起的沉降位移。因此，装配式建筑外墙板密封胶必须具备良好的抗位移能力和位移追从性。

（2）黏结相容性能。对于密封胶本体而言，与混凝土墙板的黏结相容性是衡量其品质的关键因素。目前，国内市场上常见的装配式板材以混凝土材料为主，是一种无规多孔的碱性材料，不利于密封胶的黏结；并且板片在工厂生产线上预制而成，板材表面残存的一定量的脱模剂也会影响密封胶的黏结效果。因此，在选用密封胶时，不仅要考虑胶体与混凝土墙板的黏结相容性；同时，需制定出相应的施工前处理工序，尽量减少脱模剂的影响。

（3）良好的抗位移能力和蠕变性能。预制构件在服役的过程中，由于热胀冷缩作用，接缝尺寸会发生循环变化；一些非结构预制外墙（如填充外墙），为了抵抗地震力的影响，往往要求设计成可在一定范围内活动的预制外墙板，所以，密封胶必须具有良好的抗位移能力和蠕变性能。

（4）耐候性。用于装配式建筑外墙板缝处理时，密封胶完全暴露在室外环境中，在风吹雨淋、紫外光照射等因素作用下，胶体易发生老化变形。因此，需要选用具有一定耐候性的密封胶。

（5）防污染性及涂饰性。基于对外墙板美观效果的考虑，还应考虑密封胶的防污染性和涂饰性。其中，污染性是指密封胶随着使用年限的增长，其自身化学成分游离或扩散到基材内部或表面，导致外墙面出现深色条纹状污染；而涂饰性主要考虑密封胶与建筑涂料的相容性等。

（6）低温柔性。由于我国幅员辽阔，纬度跨度较大，从海南到黑龙江的温差也较大，因此，预制建筑板片接缝用密封材料也要具备温度适应性及低温柔性。

（7）其他性能。选择密封胶时需要注意的其他性能包括阻燃性等。

2. 密封胶的选择

目前，国内建筑用密封胶根据基本成分不同，主要有硅酮胶（SR）、聚氨酯（PU）、硅烷改性聚氨酯胶（SPU）、硅烷改性聚醚胶（MS）等。

（1）硅酮（SR）密封胶是目前应用最为广泛的密封胶，通常以端羟基聚二甲基硅烷为基胶，以多官能团硅氧烷为交联剂，并配合加入填料、催化剂等助剂制备而成。这类密封胶具有优异的耐高低温性和耐候性，但黏结性相对较差，易污染性和涂饰性是限制其应用于装配式建筑的主要缺陷。

（2）聚氨酯（PU）密封胶以聚氨酯橡胶或其预聚体为主要成分。这类密封胶具有良好的防污染性和可涂饰性，但耐老化性较差（在阳光照射下极易老化，产生裂纹等），耐热性和耐水性也较差，限制了其在装配式建筑中的应用。

（3）硅烷改性聚氨酯（SPU）密封胶是用多官能团的硅烷对含有异氰酸酯基的聚氨酯预聚体进行封端，合成具有不同官能团的硅烷改性聚氨酯密封胶。这种密封胶兼具硅橡胶的耐候性和聚氨酯胶的可涂饰与防污染性，但从实际性能测试来看，其胶体的抗位移和伸缩能力不强。

（4）硅烷改性聚醚（MS）密封胶是以聚醚结构为主链，用多官能团硅氧烷进行封端合成的一种新型密封胶。这类密封胶不仅具有硅酮胶的耐候性，同时拥有聚醚主链结构材料的力学性能优势，如黏结范围广、黏结性能优，特别是与混凝土板材或石材等材料的黏结性能较强。

常用密封胶主要性能对比见表 5-1。

表 5-1　常用密封胶主要性能对比

主要因素	主要性能	密封胶类型			
		SR	PU	SPU	MS
阳光直射、风吹雨淋	耐热性	优	差	中	优
	耐温水性	良	差	中	优
	耐候性	优	差	中	良
外墙板位移	抗位移性	优	中	差	良
	伸缩性	优	中	差	优
外观效果	外装饰性	差	良	良	优
	防污染性	差	良	良	良

 学中做

常用密封胶如图 5-1 所示。密封胶选用需注意哪些性能要求？

图 5-1　常用密封胶

 关键知识点拨

密封胶选择要慎重，环保防污要考虑，所处环境要重视，刮风下雨日光照，四季昼夜温差大，振动沉降变形多，胶体基要配套材，产品选对保质量。

二、内墙竖向拼缝

我国装配式建筑起步相对较晚，很多施工工艺、方法及辅助材料都还在进一步摸索和完善中。室内缝隙的处理中不同施工单位采取的处理方法也不同，有采用抗裂砂浆填充的，也有用聚氨酯发泡材料填充的，辅材如玻纤网格布、PE 发泡条等。本项目主要讲述采用抗裂砂浆＋玻纤网格布处理缝隙方法。

（一）拼缝的类型

拼缝的类型见表 5-2。

表 5-2　拼缝的类型

类型	图形示例
竖向拼缝类型	内墙板与内墙板 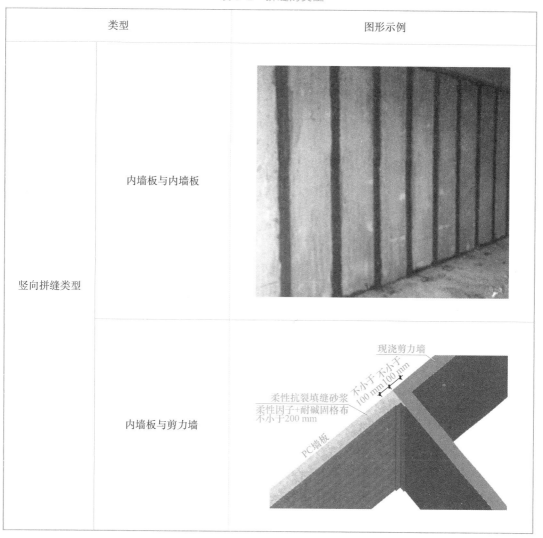
	内墙板与剪力墙

（二）拼缝材料

（1）抗裂砂浆：宜选用柔性抗裂填缝砂浆，该种材料是由优质水泥、石英砂、高分子聚合物和多种功能性添加剂均匀混合而成的粉状物品，具有柔性抗裂、黏结强度高、耐候性好、使用环保、操作方便等诸多优点，在工地现场随拌随用。

（2）玻纤网格布：不同材料基体交接处表面抹灰应采取防止开裂的加强措施。当采用加强网时，加强网与各基体的搭接宽度不应小于 100 mm；抹灰挂网厚度为 5 mm；拼缝两侧抗碱玻网搭接宽度 ≥ 100 mm。

填缝材料性能指标见表 5-3。

表 5-3　填缝材料性能指标

耐碱玻纤网		抗裂砂浆	
长度、宽度	50 ~ 100 m、0.9 ~ 1.2 m	可操作时间	不小于 1.5 h
网孔中心距	4 mm×4 mm	在可操作时向内拉伸黏结强度	不小于 0.7 MPa
单位面积重	不小于 160 g/m²;	拉伸黏结强度（常温 28 d）	不小于 0.7 MPa
断裂强力（经，纬向）	不小于 1 250 N/50 mm	浸水拉伸黏结强度（常温 28 d，浸水 7 d）	不小于 0.5 MPa
耐碱强力保留率（经、纬向）	不小于 90%	压折比（抗压强度 / 抗折度）	不大于 3.0
断裂伸长率（纬向）	不大于 5%		
涂塑量	不大于 20 g/m²		
玻璃成分	ZrO₂　14.5±0.8% TiO₂　6±0.5%		

填缝材料技术指标见表 5-4。

表 5-4　填缝材料技术指标

项目	技术要求	项目	技术要求
操作时间	不小于 1.5 h	压折比	不大于 3
抗压强度	28 d，不小于 5 MPa	拉伸黏结强度	不小于 0.7 MPa

 学中做

1. 装配式建筑内墙拼缝（图 5-2）处理方法主要有哪些？

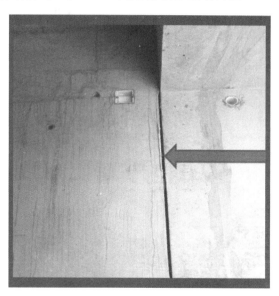

图 5-2　装配式建筑内墙拼缝

2. 挂网抹灰中抗裂砂浆有哪些性能要求？

 关键知识点拨 •────────

内墙拼缝防开裂，抹灰挂网是常用，抗裂砂浆抹两遍，玻纤网面挂中间。

三、叠合板水平拼缝

（一）拼缝类型

拼缝类型见表5-5。

表5-5 拼缝类型

类型		图形示例
水平拼缝位置及类型	叠合板与叠合板	
	叠合板与内墙板	

类型		图形示例
水平拼缝位置及类型	叠合板与剪力墙体	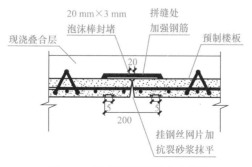

（二）拼缝处理方式

1. 叠合板之间的拼缝连接

根据《装配式混凝土结构技术规程》（JGJ 1—2014）中规定，当预制板之间采用分离式接缝时，宜按单向板设计。对长宽比不大于 3 的四边支承叠合板，当其预制板之间采用整体式接缝或无接缝时，可按双向板设计。据此，当板块较大，需要对其进行分割，作单向板设计时，采用分离式接缝；作双向板设计时，长宽比不大于 3 的板，采用整体式接缝（后浇带接缝处理），下面重点介绍单向板分离式接缝（密拼缝）施工处理（图 5-3）。

（1）预制板拼缝处顶面设置附加钢筋，附加钢筋间距与钢筋延伸长度应以设计或图集为准。

（2）板缝隙中间填充 20 mm×3 mm 的泡沫棒。

（3）预制板底拼缝处，在缝隙两侧各预留 5 mm 厚、100 mm 宽的凹槽带，待叠合部位浇筑完毕后通过挂钢丝网片刮抗裂砂浆（掺胶）抹平处理。

（4）施工时在拼缝下方增设一道独立支撑，待后浇部分混凝土强度达到 85% 以上方可拆除。

图 5-3　叠合板间拼缝节点构造

2. 叠合板板底水平拼缝施工

对基面适当喷水湿润，用窄的小抹刀沿拼缝从一端向另一端，进行逐段压实，不能内部留有空洞。在沿叠合板底面进行抹平收光，遵循先压实再抹光的施工工序进行填缝施工，加水量视气温高低按照提供的加水范围适当变动，加水控制要求砂浆易压实同时砂浆不往下流淌（图5-4）。

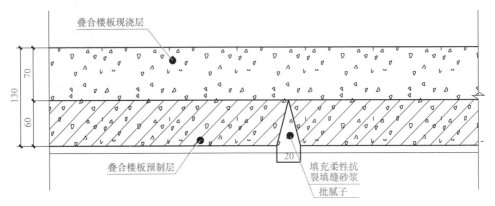

图5-4　叠合板板底水平拼缝施工

3. 叠合板与其他构件的离缝连接

叠合板与其他构件的拼缝连接要求预制混凝土构件截面尺寸质量控制相当精确，连接槎处平整度，顺直度要相当好。预制板一般要伸进剪力墙、框架柱、梁等构件边沿5～10 mm。施工装配时，在接缝处粘贴宽5～10 mm双面胶带，构件吊运装配完成达到连接密封，浇筑上部混凝土结合成整体且不漏浆。

叠合板与其他构件离缝连接是指预制板和其他预制构件（剪力墙、框架柱、梁）组装时留有10 mm的空隙，其构件预制尺寸和吊装精度相对宽松。离缝连接在构件吊运装配校对复核检查后，采用类似硬架支模的方式进行接缝处理，一般构件在工厂预制时都留有拉结栓孔，堵缝采取铝质或塑木质工具式定制模板。从施工安排上比密接缝多了接缝模板支设加固，接缝模板拆除等工序。在工具式模板和预制构件接合处采取粘贴宽5～10 mm双面胶带防止漏浆措施，确保阴角方正，接缝顺直，接槎密实清洁。

@ **知识拓展**

叠合板之间分离式接缝滤堵施工

下面介绍一种改进的密接缝施工工艺，此工艺适合于V型拼接设计的叠合板拼缝连接（图5-5）。预制叠合板之间一般存在10 mm的通透缝隙，对于这种缝隙，施工中可以采用滤堵结合法。滤是指在叠合板装配定位完成后，在板缝隙处铺设宽200 mm的密目钢丝网，缝隙每边100 mm，目的是浇筑顶部混凝土时通过钢丝网过滤粗骨料，流进板缝隙中的全是水泥浆液；堵是指在叠合板的下部，顺着缝隙，采用直径为15 mm的PVC管模板进行密封，可以采用细扎丝间距为200 mm穿板缝隙与上部垂直于板缝的附加钢筋拉结，达到叠合板缝隙中水泥浆液被封堵，不漏浆的目的，在混凝土凝固后，拆除的PVC管可以重复使用。叠合板块接缝处形成的凹槽在楼板刮腻子前用弹性腻子嵌缝密实，再进行后续工序施工。

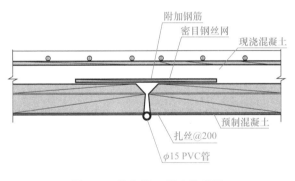

图5-5　叠合板V型密接设计

👥 **学中做**

1. 叠合板间的拼缝有_____和_____两种方式。
2. 简述单向板离缝连接（密接缝）施工过程。

四、一些其他 PC 构件拼缝

一些其他 PC 构件拼缝见表5-6。

表 5-6　一些其他 PC 构件拼缝类型

类型		图形示例
其他拼缝及位置	楼梯踏步与墙面	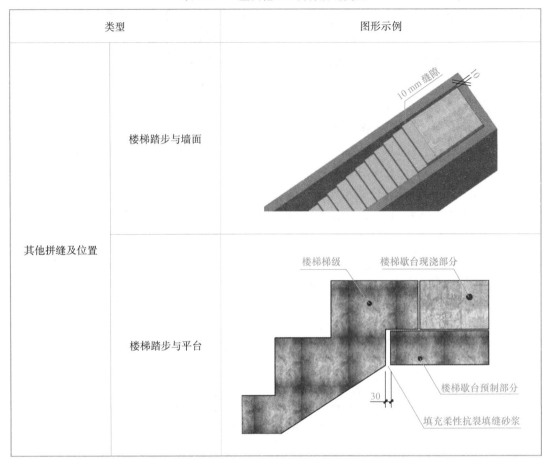
	楼梯踏步与平台	

预制构件因结构形式的复杂性，在楼梯踏步及歇台、阳台等不规则部位，一般采用抗裂砂浆补缝。

五、拼缝处理注意事项与质量要求

（一）拼缝处理注意事项

接缝处理前，要求基层处理干净。涂刷基层前，基层表面应润湿，但不能有明水。严禁基层未处理干净，进入下一道工序施工。叠合板底拼缝要求必须逐段贴紧基层压实，不能内部留有空洞。网格布严禁采用劣质材料。物料混合搅拌时，要控制好用水量及稠度，拌合物应均匀无结块，根据工程精度控制好拌合物用量。落入地面的抗裂砂浆应及时清理，做到工完、料尽、场地清，符合现场文明施工要求。网格布施工时，应注意网格布压入抗裂缝砂浆或砂浆腻子内并铺贴牢固。严禁采用劣质材料填缝。拼缝施工后，板缝不得受到振动或碰撞。防止太阳直射暴晒板缝，大风天气适当防护，根据现场天气情况，对板缝采取适当养护。

拼缝处理注意事项

（二）拼缝处理质量要求

接缝处理要求填充物密实无空鼓，表面平顺光滑。接缝表面平整，不得有任何裂纹，不得高于相邻板面。

学中做

装配式建筑都有哪些拼缝要处理？

关键知识点拨

装配式建筑拼缝多，拼缝类型要掌握，外墙拼缝要防水，内墙拼缝要防裂。

任务一　外墙防水打胶拼缝处理

知识树

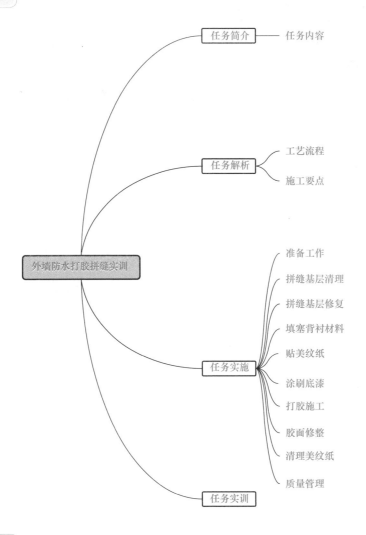

任务简介

外墙板安装完成后进行墙板拼缝防水打胶施工。核心任务包括作业准备和打胶施工；延伸任务包括材料进场检验、施工质量验收相关作业和成品保护。在完成核心任务和延伸任务过程中落实质量管理、安全管理和文明施工要求。

任务解析

（1）工艺流程如图5-6所示。

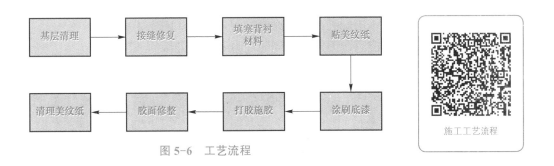

图 5-6　工艺流程

（2）施工要点。

1）接缝基层清理：拼缝处要无浮浆、浮渣、灰尘、异物等（图 5-7）。

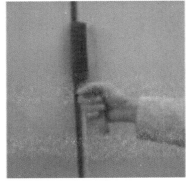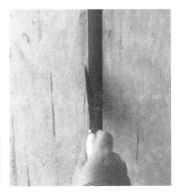

图 5-7　拼缝清理

2）接缝修复：接缝宽度大于 40 mm 时应进行修补。

3）填塞背衬：背衬材料应大于接缝 25%，一般采用柔软闭孔的圆形聚乙烯泡沫棒（图 5-8）。

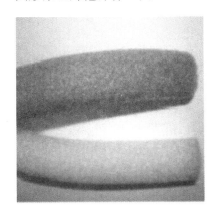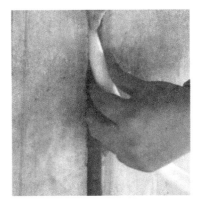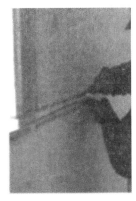

图 5-8　填塞背衬材料

4）贴美纹纸：美纹纸胶带应遮盖住边缘，要注意胶带本身的顺直美观（图 5-9）。

5）涂刷底漆：合理选用配套产品，涂刷均匀，到位（图5-10）。

6）打胶施胶：注胶饱满，无气泡，同时注意不要污染墙面（图5-11）。

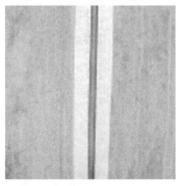

 图5-9　贴美纹纸胶带　　　　　 图5-10　涂刷底漆　　　　　图5-11　施胶

7）胶面修整：修饰出平整的凹型边缘，加强密封胶效果（图5-12）。

图5-12　胶面修整

8）清理美纹纸：修整完成后清理美纹纸胶带，美纹纸胶带必须在密封胶表干之前揭下。

 **任务实施**

外墙垂直防水拼缝打胶训练指导见表5-7。

表 5-7 外墙垂直防水拼缝打胶训练指导

任务	内容要求	岗位分工	分组名单	具体做法	遇到的问题及解决方案
准备工作	(1) 实训工位准备； (2) 打胶材料准备； (3) 工器具准备	1 名学员任组长，负责统筹；2 名学员负责打胶工位环境检查；2 名学员负责打胶工器具准备		(1) 各组找到自己的实训工位； (2) 领取防水胶、泡沫棒、纸胶带、美纹纸、底涂涂料； (3) 领取打胶工具：铲刀、毛刷、打胶枪（打胶机）、压舌棒、刮片等工器具； (4) 整理打胶工位，做好清洁准备工作	
拼缝基层清理	清理洁净，不留浮浆、油脂、残渣、异物	3 名同学负责手动清理垃圾，2 名同学负责清理垃圾		(1) 板缝中的浮浆用铲刀铲除； (2) 铲除干净后用毛刷再进行清扫； (3) 基底层和预留空腔内可以使用高压空气清理干净	
拼缝基层修复	对破损、污染、不规整的拼缝进行打胶前的修复	2 名同学负责拌制修复砂浆，2 名同学负责修复，组长负责过程检查		(1) 清除破损松散位，剔除突出的鼓包； (2) 采用防水砂浆分层修补； (3) 随机抹压防水砂浆，防水砂浆应压实，压光使其与基层紧密结合； (4) 接缝宽度不得超过 40 mm	
填塞背衬材料	接缝宽度、深度与泡沫棒相配套，泡沫棒要充分压实	2 名同学挑选材料，2 名同学挑选材料压实，1 名同学检查质量		(1) 根据缝隙宽度合理选择材料规格，背衬材料应大于接缝 25%； (2) 泡沫棒充分压实； (3) 填充完成后，确认缝隙深度与宽度； (4) 确认接缝宽度和深度是否适合，是否与泡沫棒相配套	
贴美纹纸	美纹纸粘贴平整，无漏贴	2 名同学挑选材料，2 名同学粘贴，1 名同学检查质量		(1) 美文纸要粘贴牢固； (2) 美纹纸胶带应盖住边缘； (3) 胶带本身要顺直美观	

任务	内容要求	岗位分工	分组名单	具体做法	遇到的问题及解决方案
涂刷底漆	底漆要选用配套产品	2名同学挑选材料，2名同学涂刷，1名同学检查质量		（1）底漆涂刷根据密封胶材料胶性能对基层要求确定是否需涂刷；（2）一遍涂刷好，避免漏刷以及来来回反复涂刷；（3）涂刷要均匀、到位	
打胶施工	注胶饱满，无气泡，无污染	轮流操作，相互检查		（1）使用打胶枪或打胶机以连续操作的方式打胶；（2）应使用足够的正压力使胶注满整个接口空隙，可以用枪嘴"推压"，密封胶来完成；（3）打胶时注意角度，注胶饱满，无气泡，同时注意不要污染墙面	
胶面修整	禁止来回反复刮胶动作，保持刮胶工具干净，不得污染墙面	2名同学负责手动清理，3名同学负责设备操作清理		（1）用压舌棒、刮片或其他工具将密封胶刮平压实；（2）用抹刀修饰出平整的凹型边缘，加强密封胶效果；（3）刮胶应注意角度，以达到理想效果；（4）刮胶过程中注意不要污染墙面，加造成污染应及时清理，以防胶固化以后难以清理成外墙面污染	
清理美纹纸	及时揭下美纹纸，不得出现同拖延等现象	共同操作完成，协同配合		（1）在密封胶表干之前揭下美纹纸；（2）去除过程中不要污染其他装饰过的胶面，并留意修饰过的胶面；（3）如有问题应马上修补，确认是否漂完工	
质量管理	（1）能够对本组学员的操作的不足之处给予评价；（2）能够对其他组学员的操作给予评价	组长负责，组织本组学员观摩其他组练		（1）老师在作业训练时，不断提醒学员操作不当可能导致的质量问题和防范措施；（2）不断强调职业素养训练中质量意识的核心要义"标准意识"（质量就是符合标准要求）	

按图示回答每项操作过程的注意要点。

1. 基层清理

2. 填充衬垫材料

3. 粘贴美纹纸

4. 涂刷专用底漆

5. 密封胶搅拌配制

6. 打胶施工

7. 清理胶带

8. 二次抹压修缝

关键技术点拨

选胶合理，打胶饱满，注意污染，及时修整。

任务实训

外墙水平拼缝打胶训练见表5-8。

表 5-8　外墙水平拼缝打胶训练

任务	内容要求	岗位分工	分组名单	具体做法	遇到的问题及解决方案
准备工作					
拼缝基层清理					
拼缝基层修复					
填塞背衬材料					
贴美纹纸					

任务	内容要求	岗位分工	分组名单	具体做法	遇到的问题及解决方案
涂刷底漆					
打胶施工					
胶面修整					
清理美纹纸					
质量管理					

任务二　内墙板竖向拼缝处理

 知识树

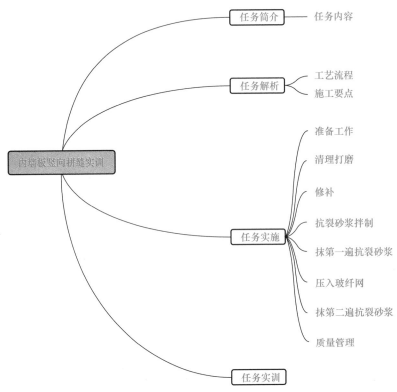

任务简介

外墙板安装完成后进行墙板拼缝防水抹灰挂网施工。核心任务包括作业准备和抹灰挂网施工；延伸任务包括材料进场检验、施工质量验收相关作业和成品保护。在完成核心任务和延伸任务过程中落实质量管理、安全管理和文明施工要求。

任务解析

（1）工艺流程如图 5-13 所示。

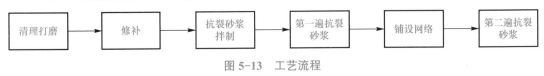

图 5-13　工艺流程

（2）施工要点。

1）清理打磨：保证拼缝处洁净，无浮浆、浮渣、灰尘、异物（图 5-14）。

2）修补：清洁后的裂缝先用腻子修补（图5-15）。

3）抗裂砂浆的拌制：现场拌制，随拌随用（图5-16）。

  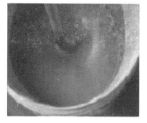

图5-14　抹第一遍抗裂砂浆　　　　　图5-15　修补　　　　　图5-16　抗裂砂浆的拌制

4）抹第一遍抗裂砂浆：厚度应为3～4mm（图5-17）。

5）压入耐碱玻纤网格布：网格布平展，抹灰时不变形（图5-18）。

6）抹第二遍抗裂砂浆：玻纤网不外漏，阴角方正（图5-19、图5-20）。

图5-17　抹第一遍　　图5-18　压入耐碱　图5-19　抹第二遍抗裂砂浆　图5-20　阴角处刮平保
　　　抗裂砂浆　　　　玻纤网格布

学中做

按工艺流程排列下述施工过程。

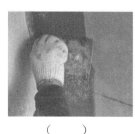   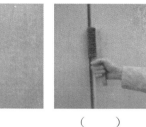

（　　）　　　　　　（　　）　　　　　　（　　）　　　　　　（　　）

 关键技术点拨

基面处理清洁，一遍砂浆打底，中层压网平整，二面砂浆抹光。

任务实施

内墙板与内墙板对接垂直拼缝抹浆挂网训练指导见表5-9。

表5-9　内墙板与内墙板对接垂直拼缝抹浆挂网训练指导

任务	内容要求	岗位分工	分组名单	具体做法	遇到的问题及解决方案
准备工作	工位、材料、工器具准备工作	1名学员任组长，负责统筹；2名学员负责打胶、工位环境检查；2名学员负责材料及工器具准备		1. 找到实训工位。 2. 清理实训工位。 3. 领取拌制砂浆材料、玻纤网、腻子等拼缝材料。 4. 领取钢丝刷、小型空压机、洒水壶、木抹子、铁抹子、托板、刮板、阴角板的施工工器具	
清理打磨	洁净，无浮浆、浮渣、异物，无油脂等，保证基面干净	2名同学负责手动清理，3名同学负责设备操作清理		(1) 采用钢丝刷或磨角机进行清理。 (2) 采用小型空压机吹净灰尘	
修补	拼缝无较大破损	轮流操作完成，协同配合，相互检查		(1) 采用腻子进行修补。 (2) 先缝里，后缝外	
抗裂砂浆拌制	现场拌制，随拌随用	3名同学供料，2名同学拌制		(1) 现场拌制，拌合物应均匀无结块。 (2) 加水控制，要求砂浆容易压实，同时砂浆不往下流淌。 (3) 用多少拌多少的原则	

任务	内容要求	岗位分工	分组名单	具体做法	遇到的问题及解决方案
抹第一遍抗裂砂浆	抹灰密实、平整	轮流操作完成、协同配合，相互检查		（1）对基面适当喷水湿润。 （2）厚度应为 3～4 mm，应抹密实、平整	
压入玻纤网	网格布应平展、不变形起拱，不应有皱褶、空鼓、翘边	轮流操作完成、协同配合，相互检查		（1）网格布应展平、与梁、柱或墙体连接，应保证网格布不变形起拱。 （2）抹灰挂网厚度要求为 5 mm。 （3）拼缝搭接宽度不小于 100 mm。 （4）网材与基体的间距宜大于 3 mm	
抹第二遍抗裂砂浆	玻纤网不外露，阴角角方正	轮流操作完成、协同配合，相互检查		（1）抗裂砂浆厚度应为 1～2 mm，保证耐碱玻纤网不外露。 （2）阴角处施工，应用定做的直角阴角板最后刮平一次、保证阴角方正。 （3）7 d 内喷水养护	
质量管理	1. 能够对本组学员的操作的不足之处给予评价； 2. 能够对其他组学员的操作给予评价	组长负责，组织本组学员观摩其他组组练		（1）教师在作业训练时，不断提醒学员操作不当可能导致的质量问题和防范措施。 （2）不断强调职业素养训练中质量意识的核心要义"标准意识"（质量就是符合标准要求）	

内墙板与剪力墙竖向拼缝抹浆挂网施工见表 5-10。

表 5-10 内墙板与剪力墙竖向拼缝抹浆挂网施工

任务	内容要求	岗位分工	分组名单	具体做法	遇到的问题及解决方案
准备工作					
清理打磨					
修补					
抗裂砂浆拌制					

任务	内容要求	岗位分工	分组名单	具体做法	遇到的问题及解决方案
抹第一遍抗裂砂浆					
压入玻纤网					
抹第二遍抗裂砂浆					
质量管理					

任务三 叠合板水平拼缝处理

 知识树

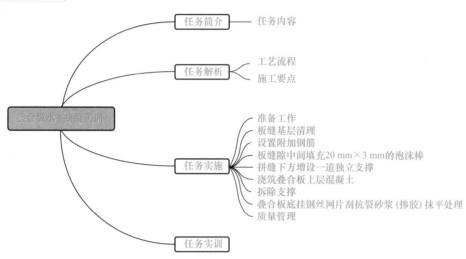

任务简介

叠合板安装完成后进行拼缝施工。核心任务包括作业准备和叠合板拼缝、离缝封堵施工；延伸任务包括材料进场检验、施工质量验收相关作业和成品保护。在完成核心任务和延伸任务过程中落实质量管理、安全管理和文明施工要求。

任务解析

（1）工艺流程如图 5-21 所示。

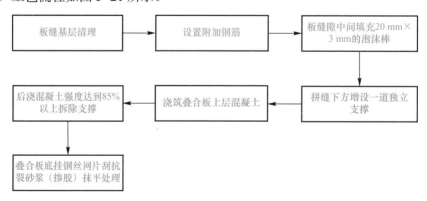

图 5-21　工艺流程

（2）施工要点。

1）板缝基层清理：洁净，无浮渣、异物。

2）设置附加钢筋。

3）板缝隙中间填充 20 mm×3 mm 的泡沫棒。

4）拼缝下方增设一道独立支撑。

5）浇筑叠合板上层混凝土。

6）后浇混凝土强度达到 85% 以上拆除支撑。

7）叠合板底挂钢丝网片刮抗裂砂浆（掺胶）抹平处理。

单向叠合板分离式连接施工如图 5-22 所示，叠合板板底拼接缝施工如图 5-23 所示。

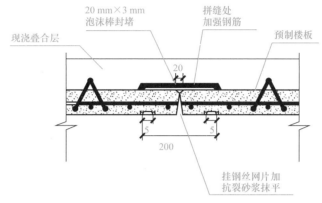

图 5-22　单向叠合板分离式接缝施工

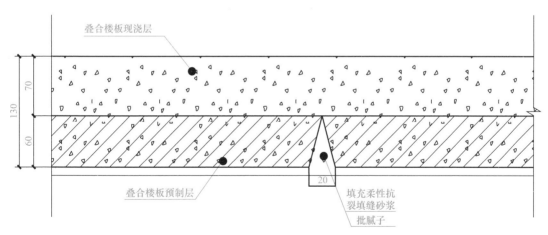

图 5-23　叠合板板底拼缝施工

 学中做

简述叠合板滤堵封缝工艺流程及技术特点。

 关键知识点拨

叠合板拼缝分两类，整体式拼缝双向板，分离式拼缝单向板，现场施工方法多，满足受力是根本，保证质量是目标。

任务实施

叠合板与叠合板水平拼缝施工实训指导见表5-11。

表5-11 叠合板与叠合板水平拼缝施工实训指导

任务	内容要求	岗位分工	分组名单	具体做法	遇到的问题及解决方案
准备工作	1. 实训工位准备； 2. 材料准备； 3. 工器具准备	1名学员任组长，负责统筹；2名学员负责打胶、工位环境检查；2名学员负责材料及工器具准备		（1）自己的工位，整理工位，准备实训。 （2）领取实训材料：细石混凝土拌制、钢筋、振捣器具	
板缝基层清理	洁净、无浮浆、浮渣、异物	2名同学负责手动清理，3名同学负责设备操作清理		（1）采用钢丝刷或角磨机进行清理。 （2）采用小型空压机吹净灰尘	
设置附加钢筋	钢丝网过滤粗骨料	共同操作完成，协同配合		（1）附加钢筋设置以设计或图集为准。 （2）为满足构造要求可在设计和图集要求的基础上适当加强	
板缝隙中间填充 20 mm×3 mm 的 泡沫棒	泡沫棒填充密实，密封良好	2名同学绑扎，2名同学辅助，1名同学检查		达到叠合板缝隙中水泥浆液封堵，不漏浆的目的	

196

任务	内容要求	岗位分工	分组名单	具体做法	遇到的问题及解决方案
拼缝下方增设一道独立支撑	支撑牢固，过程中无沉降			（1）加设支撑保证后浇部分与预制部分的充分连接。 （2）另一方面可保证在拼缝上的施工荷载充分传递到支撑上	
浇筑叠合板上层混凝土	浆液从密目钢丝网滤出	轮流操作，协同配合，相互检查		浇筑过程中泡沫棒起到密封作用	
拆除支撑	混凝土达到吊模拆除强度	共同操作完成，协同配合		后浇混凝土强度达到 85% 以上方可拆除支撑	
叠合板底挂钢丝网片刮抗裂砂浆（掺胶）抹平处理	嵌缝密实	共同操作完成，协同配合		叠合板块接缝处形成的凹槽在楼板刮抹腻子前用弹性腻子嵌缝密实，再进行后续工序施工	
质量管理	（1）能够对本组学员的操作的不足之处给予评价； （2）能够对其他组学员的操作给予评价	组长负责，组织本组学员操练 观摩其他组操练		（1）教师在作业训练时，不断提醒学员操作不当可能导致的质量问题和防范措施。 （2）不断强调职业素养训练中质量意识的核心要义"标准意识"（质量就是符合标准要求）	

197

叠合板与剪力墙体水平拼缝训练见表 5-12。

表 5-12　叠合板与剪力墙体水平拼缝训练

任务	内容要求	岗位分工	分组名单	具体做法	遇到的问题及解决方案
准备工作					
板缝基层清理					
设置附加钢筋					
板缝隙中间填充 20 mm × 3 mm 的泡沫棒					

任务	内容要求	岗位分工	分组名单	具体做法	遇到的问题及解决方案
拼缝下方增设一道独立支撑					
浇筑叠合板上层混凝土					
拆除支撑					
叠合板底挂钢丝网片刮抗裂砂浆（掺胶）抹平处理					
质量管理					

工匠精神

何谓"工匠"：工，巧饰也，匠，木工也。工匠者，乃精雕细琢之人。

中国古代的建筑匠师和工官制度密切相关。主管营建工程的官吏称为匠人，汉唐称将作大匠，宋称将作监。汉代阳城延，北魏李冲、蒋少游，隋代宇文恺，唐代阎立德等都是著名的建筑匠师，其中因宋将作监李诫著《营造法式》而尤为著名。这些工官多因工巧，或因久任而善于钻研，所以能精通专业，胜任职事，专业匠师，唐宋都称都料匠。宋代都料匠喻皓曾著《木经》行于世。明代专业匠师有不少人后来升任为主管工程的高级官吏，如郭文英以做头官至工部右侍郎，蒯祥以木工首官至工部左侍郎，徐杲以普通工匠而官至工部尚书。清代还出现了匠师世家，如"样式雷"一门七代掌管宫廷营建，"山子张"长期主持皇家园林造园叠山等。

从历经千年的赵州桥，到延绵万里的长城，再到宏伟秀美的古塔古桥，缔造了五千年灿烂文明的中国，"精工""巧匠"辈出。古代的"中国制造"远近闻名，正是千千万万追求精湛技艺的工匠，以他们的敬业、勤奋、执着和创造精神，缔造了灿烂辉煌的中华文明。今天，实现中华民族伟大复兴的中国梦，更需要传承和发扬工匠精神。

李诫（1035—1110年），北宋时期著名的建筑师（图5-24）。他所著的《营造法式》（图5-25）是我国古代最全面、最科学的建筑学著作，也是世界上最早、最完备的建筑学著作，相当于宋代建筑业的"国家标准"。《营造法式》是北宋政府为了管理宫室、坛庙、官署、府第等建筑工程，而官方颁布的一部建筑设计、施工的规范书。李诫收集了熟练工匠们的经验，系统地总结了当时建筑技术的成就，作为宫廷及官署等建筑的施工用料、劳动定额及各工种的操作规程。这本书具有高度的科学价值，是现存我国古代最全面的建筑学文献。

图5-24　李诫　　　　　　　图5-25　　《营造法式》

蒯（kuǎi）祥（1399—1461年），明代著名建匠师（图5-26）。他主持或参与修建了多项重大工程的建设，主要有承天门（即天安门）、明代故宫、北京西苑殿宇、隆福寺、长陵、南陵、裕陵等建筑。北京故宫是世界上规模最大、保存最好的古代皇宫建筑群，体现了中国古代最高的建筑水平。明清故宫始建于明朝永乐四年（1406 年），建成于永乐十八年（1420 年）。故宫呈长方形状，南北长 961 m，东西宽 753 m，占地面积达 72 万多 m²，四周高台环绕，其周长达 3 428 m，墙高达 79 m。宫城辟有四门：南有午门（故宫正门），北有神武门（称玄武门），东有东华门，西有西华门（图 5-27）。

图 5-26　蒯祥

图 5-27　故宫

参 考 文 献

［1］中华人民共和国住房和城乡建设部．JGJ 276—2012 建筑施工起重吊装工程安全技术规范［S］．北京：中国建筑工业出版社，2012．

［2］建设部教育司．建设部土木建筑工人技术等级培训计划与培训大纲［M］．北京：中国建筑工业出版社，1992．

［3］中国建设劳动学会．T/ZJX001—2018 职业技能考评标准 PC 构件装配工［S］．北京：中国建筑工业出版社，2018．

［4］中华人民共和国住房和城乡建设部．G310—1 ～ 2 装配式混凝土结构连接节点构造（2015 年合订本）［S］．北京：中国计划出版社，2015．

［5］中华人民共和国住房和城乡建设部．16G906 装配式混凝土剪力墙结构住宅施工工艺图解［S］．北京：中国计划出版社，2016．

［6］中华人民共和国住房和城乡建设部．GB/T 51231—2016 装配式混凝土建筑技术标准［S］．北京：中国建筑工业出版社，2017．

［7］中华人民共和国住房和城乡建设部．JGJ 1—2014 装配式混凝土结构技术规程［S］．北京：中国建筑工业出版社，2014．